企业零事故运动系列

虚 惊 提 案

陶镕甫　远振胜　编著

煤炭工业出版社

·北　京·

图书在版编目（CIP）数据

虚惊提案／陶镕甫，远振胜编著．--北京：煤炭
工业出版社，2016
（企业零事故运动系列）
ISBN 978－7－5020－5482－3

Ⅰ.①虚…　Ⅱ.①陶…　②远…　Ⅲ.①煤矿—矿山
安全—基本知识　Ⅳ.①TD7

中国版本图书馆 CIP 数据核字（2016）第 205849 号

虚惊提案（企业零事故运动系列）

编　　著	陶镕甫　远振胜
责任编辑	唐小磊
责任校对	邢蕾严
封面设计	盛世华光

出版发行	煤炭工业出版社（北京市朝阳区芍药居 35 号　100029）
电　　话	010－84657898（总编室）
	010－64018321（发行部）　010－84657880（读者服务部）
电子信箱	cciph612@126.com
网　　址	www.cciph.com.cn
印　　刷	北京市郑庄宏伟印刷厂
经　　销	全国新华书店

开　　本	710mm×1000mm$^1/_{16}$　印张　10$^1/_2$　字数　162 千字
版　　次	2016 年 12 月第 1 版　2016 年 12 月第 1 次印刷
社内编号	8345　　　　　定价　30.00 元

前　言

习近平总书记指出："人命关天，发展决不能以牺牲人的生命为代价。这必须作为一条不可逾越的红线。"坚决守住"安全"这条底线和红线，对于我们每个人来讲，就是要切实将"安全第一、生命至上"的理念内化于心、外化于行，转化为每个员工的自觉行动。

时间过得真快，距离我们的《危险预知活用方法》出版已经有七年的时间了。这几年我们一直在为企业作"零事故运动"方面的现场咨询，与服务的企业共同努力，取得了很好的安全业绩，所服务的企业全部消灭了死亡事故，一般事故下降了70%～85%。

一路走来，最大的体会是，先进安全的理念只有和生产现场相结合，只有和天天在现场操作的员工相结合，才能展现它的无限魅力。我们所咨询的对象大部分是现场的员工，有很多甚至是农民工。老师讲的课，他们有些听不懂、不会做。遇到这种情况，不能简单地说"员工素质低"，而应该说，是我们开发的课程没有完全适合他们的需要。

本书的读者对象是现场的管理人员和员工。为了便于理解，我们的主旨是少讲理论，多讲实操；力求用图解的形式，把复杂的问题简单化，简单的问题图表化，深入浅出，通俗易懂。我们的初衷是写一本真正让一线员工一看就懂、一用就灵、过目不忘、终身受益而且短时间内能读完的好书。

本书以"以人为本"的理念为主线，结合现场实践案例，自成一体。

世界上将企业的安全管理分成四个阶段：自然本能、严格监督、自主管理、团队管理。现场员工的幸福指数是随着管理阶段的不断提升而持续改变的。现在我国的很多企业还处于严格监督或者是自主管理的初级阶段。我们要实现中国梦，建成小康社会，推进社会主义现代化，为亿万员工造福，就必须紧紧依靠现场员工深入开展"零事故运动"，将企业安全管理水平提升至自主管理乃至团队管理阶段，将企业建设成世界上最安全的生产现场。

著名的经济历史学家汤恩比曾说："19 世纪是英国人的世纪，20 世纪是美国人的世纪，21 世纪是中国人的世纪。""零事故运动"在中国方兴未艾，21 世纪的中国一定是世界上最富强的国家之一，也一定是世界上最美丽、最安全的地方。现在正在从事"零事故运动"的人们，应该感谢这个时代，珍惜现在，坚定现在，用务实的行动和扎实的作风为"中国梦"注入正能量，做时代的"筑梦人"，努力实现中华民族的伟大复兴。

由于水平所限，书中若有不妥之处，敬请广大读者和专家给予批评指正。

作　者

2016 年 6 月

目 次

壹 虚惊提案概述

一、从"曲突徙薪"说起 ……………………………………… 2

二、海因里希法则 ………………………………………… 4

三、虚惊事件的概念与分类 ………………………………… 6

四、虚惊提案分类 ………………………………………… 7

五、虚惊事件改善活动在事故体系中的位置 ……………… 8

六、虚惊提案的作用 ……………………………………… 10

七、开展虚惊提案活动的方法 …………………………… 12

八、事故链 ………………………………………………… 16

贰 虚惊提案编写

一、找问题 ………………………………………………… 20

二、做改善 ………………………………………………… 24

三、写提案 ………………………………………………… 36

四、获奖励 ………………………………………………… 40

叁 物体打击案例分析

一、物体打击简介 ………………………………………… 44

二、高处落物伤人 ………………………………………… 46

三、货物倒塌伤人 ……………………………… 48

四、设备安装时倾倒伤人 ………………………… 49

五、手推式台车失控撞人 ………………………… 50

肆　车辆伤害案例分析

一、车辆伤害简介 ………………………………… 54

二、急转方向盘导致货物和人从叉车上翻落 ……… 56

三、站在叉车上平衡重量导致摔落 ……………… 58

四、步行人员在工作场地内被撞 ………………… 60

五、人员被夹在倒退行驶的叉车与平板之间 …… 62

六、驾驶前移式叉车倒退行驶　脚被夹在叉车和货架中间 …… 63

七、使用保养不良的叉车　货物落下伤人 ……… 64

八、叉车驾驶员被夹在门架和顶部护板之间 …… 65

九、共同作业时叉车撞上发出口令的人 ………… 66

十、货车物品掉落伤人 …………………………… 67

伍　机械伤害案例分析

一、机械伤害简介 ………………………………… 70

二、机械设备零部件做直线运动造成的伤害 …… 72

三、机械设备零部件做旋转运动造成的伤害 …… 74

四、刀具造成的伤害 ……………………………… 76

五、加工零件固定不牢甩出伤人 ………………… 78

六、长工件旋转造成击伤 ………………………… 79

七、共同作业人员口令或操作错误导致伤害 …… 80

八、余压造成夹伤 ………………………………… 83

九、安全装置不完备导致伤手 …………………… 85

十、机械或作业装置的危险部位小结 …………… 87

陆 起重伤害案例分析

一、起重伤害简介 ·················· 92

二、吊索吊具缺陷造成伤害 ·············· 94

三、错用吊索吊具造成伤害 ·············· 96

四、由于行车故障造成起重伤害 ············ 98

五、在行车和建筑物之间发生夹伤 ·········· 100

六、钢丝绳受力硌断后伤人 ············· 101

七、在吊运的货物和吊具之间发生夹伤 ········ 102

八、吊运货物下降时被夹伤 ············· 103

九、斜拉歪吊造成伤害 ··············· 104

柒 触电案例分析

一、触电简介 ··················· 106

二、电焊机等电气设备绝缘不良引起触电 ······ 108

三、由于电击从高处坠落 ·············· 110

四、接近高压电气设备时发生触电 ·········· 111

五、工具触碰到火线引起触电 ············ 112

六、电源线绝缘破坏引起触电 ············ 114

七、跨步电压引起触电 ··············· 116

八、电弧灼伤 ··················· 118

捌 灼烫案例分析

一、灼烫简介 ··················· 122

二、接触高温汽水被烫伤 ·············· 123

三、明火作业烫伤 ················· 125

四、腐蚀性危险化学品灼伤 ············· 127

五、电气焊（高温）作业穿着化纤衣物　着火造成灼烫 ………… 129

六、炉渣喷溅灼烫 ………………………………………… 131

七、造型质量不良　铁水喷出伤人 …………………………… 133

玖　高处坠落案例分析

一、高处坠落简介 …………………………………………… 136

二、临边作业高处坠落 ……………………………………… 137

三、洞口作业高处坠落 ……………………………………… 139

四、攀登作业高处坠落 ……………………………………… 141

五、悬空作业高处坠落 ……………………………………… 143

六、操作平台作业高处坠落 ………………………………… 145

七、交叉作业高处坠落 ……………………………………… 147

拾　中毒窒息案例分析

一、中毒窒息简介 …………………………………………… 150

二、设备设施故障造成有毒气体泄漏　致使现场人员中毒 …… 152

三、进入受限空间作业　导致中毒和窒息 ………………… 154

四、污水处理作业发生硫化氢中毒 ………………………… 156

五、检修作业惰性气体窒息 ………………………………… 158

虚惊提案概述

一、从"曲突徙薪"说起

虚惊提案或者虚惊事件的相关提法诸如：未遂事件（职业健康安全管理体系）、Hiyari&Hatto（吓一跳活动，惊吓提案）等，都是海因里希在1941年提出1：29：300法则以后才逐渐发展起来的。而中国虚惊事件的相关提法可以追溯到《汉书·霍光传》记载的一个"曲突徙薪"的故事。故事说的是有一个造访主人的客人，看到主人炉灶的烟囱是直的，旁边还堆积着柴草，便建议主人重新造一个弯曲的烟囱，将柴草远远地迁移，否则有可能发生火灾。这不就是我们今天讲的虚惊提案吗？国外学者说到的，我们中国人早就想到了，虚惊提案的发源地在中国。只不过是中国人想到了、美国人说到了，而日本人做到了。科学本身是没有国界的，而我们现在要做的就是把我们这些先进的、科学的理念、方法学习好，因地制宜，不断创新实践，让生产现场活起来、动起来，轰轰烈烈地开展零事故运动！

- -

曲 突 徙 薪

在《汉书·霍光传》上记载着一个"曲突徙薪"的故事，说的是有一个造访主人的客人，看到主人炉灶的烟囱是直的，旁边还堆积着柴草，便对主人说："重新造一个弯曲的烟囱，将柴草远远地迁移。不然的话，会有发生火灾的忧患。"主人沉默不答应。不久，家里果然失火，邻居们一同来救火，幸好把火扑灭了。于是，主人杀牛摆酒来感谢他的邻人。被火烧伤的人在上位，其他的各自以功劳的大小依次坐，但是没有请说改"曲突"的那个人。有人对主人说："当初如果听了那位客人的话，也不用破费摆设酒席，始终也不会有火灾的忧患。现在评论功劳，邀请宾客，为什么建议'曲突徙薪'的人没有受到恩惠，而被烧伤的人却被奉为上宾呢？"主人这才醒悟，忙去邀请那位客人。这真是"曲突徙薪忘恩泽，焦头烂额为上客？"

"曲突徙薪"的故事

"曲突徙薪"的启示

（1）首先要"曲突"，这里引申为预防。要解决生产现场出现的虚惊事件首先要做的就是预防，这是从古至今的共识。我国古代，许多思想家都对预防的重要性有过阐释："君子以思患而豫防之""为之于未有，治之于未乱"。

（2）其次要"徙薪"，本意是要把灶旁的柴草搬走。这和我们虚惊提案改善的七原则——消除、预防、减弱、隔离、连锁、誓告、个体防护中的"消除"同出一辙。

二、海因里希法则

1. 我们生活中经常遇到的"海因里希法则"

我们在日常工作、生活中有时会体验到"哎!"（倒吸一口凉气，冒冷汗）、"啊!"（吓一跳）等事情，事后大家往往存在侥幸心理，很少分析总结，如果同样的事情又发生了，可能就没上次那么幸运了。事故发生了，好多人又认为是"天意"，真是自己的命不好吗？这两者之间有必然的联系吗？美国有个叫海因里希的人会告诉你这究竟是怎么回事。

2. 海因里希事件连锁发生过程

海因里希把工业伤害事故的发生、发展过程描述为具有一定因果关系的事件连锁发生过程，即：

（1）人员伤亡的发生是事故的结果。

（2）事故发生是由人的不安全行为和物的不安全状态造成的。

（3）人的不安全行为、物的不安全状态是由人的失误造成的。

（4）人的失误是由不良环境诱发的，或者是由先天的遗传因素造成的。

海因里希法则

1941 年美国的海因里希从统计的 55 万件机械事故（其中死亡、重伤事故 1666 件，轻伤 48334 件，其余则为无伤害事故）中，得出一个重要结论：在机械事故中，死亡或重伤、轻伤、虚惊事件（无伤害事故）和不安全因素（人的不安全行为和物的不安全状态）的比例为 1∶29∶300∶1000。国际上把这一法则叫事故法则，也称为海因里希法则。

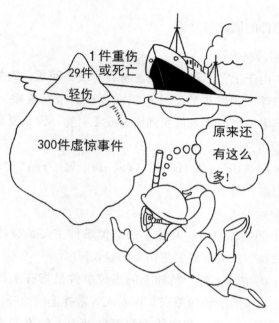

1件重伤
或死亡

29件
轻伤

300件虚惊事件

原来还有这么多!

海因里希法则

海因里希法则的重要启示

启示一:

　　在企业生产过程中,每发生330起意外事件,有300件未产生人员伤害,29件造成人员轻伤,1件导致重伤或死亡。

启示二:

　　(1)事故的发生是有征兆的,是量的累积。

　　(2)发现征兆并采取对策就可以避免事故。

　　(3)再先进的技术也取代不了人的作用。

　　(4)提升全员的安全意识是杜绝事故发生的关键。

三、虚惊事件的概念与分类

1. 虚惊事件的概念

作业场所中由于工艺、制造方法、材料、设备问题，人的不安全行为以及管理上的缺陷等原因发生的意外事故或存在的潜在危险，使人员受到惊吓，后果虽然不堪设想但无人员受到伤害或无财物、设备受到损害的未遂事件，称为"虚惊事件"。

虚惊事件也称"Hiyari & Hatoo"（吓一跳、冒冷汗）、"Near miss"（侥幸脱险，差点出事）等。

2. 虚惊事件的分类

（1）身体上的虚惊事件。身体上的虚惊事件主要是身体受到轻微伤害如跌倒、胳膊撞伤、踝关节轻度扭伤类的轻伤。

（2）精神上的虚惊事件。精神上的虚惊事件是指有东西从面前落下而受惊，手伸向转动中的滚轴而差点儿被卷入等精神上的惊吓。

（3）预想的虚惊事件。预想的虚惊事件是指人的不安全行为、物的不安全状态以及管理缺陷虽然已经发生但结果尚不确定，如果造成不良结果则形成事故，如靠在墙上的东西没有放好是否会砸到人，地上有油会不会使人滑倒等由预想而产生的惊吓。

虚惊事件案例

身体上的虚惊事件：
（1）汽车轮胎有裂纹，行驶中爆胎了，路边行人腿被碰破一点皮。
（2）因为有急事，跑着下楼梯，不慎摔倒，把脚崴了。
精神上的虚惊事件：
（1）汽车轮胎有裂纹，行驶中爆胎了，差一点伤到人。
（2）高空坠物差一点砸到人。
（3）不小心差一点掉入窨井中。
预想的虚惊提案：
（1）汽车轮胎有裂纹，行驶中有可能爆胎伤到人。
（2）看到生产现场操作者正在用汽油擦洗机床部件，预想有可能发生火灾。

四、虚惊提案分类

国标 GB 6441—1986《企业职工伤亡事故分类》中，将事故类别划分为 20 类。这一分类方法同样适用于虚惊提案的分类。

冶金、机械、建筑、电力等行业企业比较常见的事故有 11 种（本书详述了前面的 8 种）：物体打击、车辆伤害、机械伤害、起重伤害、触电、灼烫、高处坠落、中毒窒息、火灾、爆炸、其他伤害。

企业常见事故类型

序号	事 故 类 型	冶金	机械	建筑	电力
1	物体打击	●	●	●	●
2	车辆伤害	●	●	●	●
3	机械伤害	●	●	●	●
4	起重伤害	●	●	●	●
5	触电	●	●	●	●
6	灼烫	●	●		
7	高处坠落	●	●	●	●
8	中毒窒息	●			
9	火灾	●			●
10	爆炸	●	●		
11	其他伤害	●	●	●	●

五、虚惊事件改善活动在事故体系中的位置

1. 事故体系的构成

事故体系由事故、事件、不符合构成。

事故是造成死亡、疾病、伤害、损坏或其他损失的意外情况。事故的非预期结果的性质是负面的、不良的，甚至是恶性的。事故对人员来说，可能是死亡、疾病或伤害，包括我们通常所说的"伤亡事故"和"职业病"；对于物质财产来说，是损毁、破坏或其他形式的价值损失。

事件是导致或可能导致事故的情况。事件主要指活动、过程本身的情况，其结果尚不确定，如果造成不良结果则形成事故，如果侥幸未造成事故也应引起关注，侥幸未造成疾病、伤害、损坏或其他损失事件，称为虚惊事件（英文称为"Near miss"），它是一种临界状态。

不符合是指任何与工作标准、惯例、程序、法规、管理体系绩效的偏离，其结果能够直接或间接导致伤害、疾病、财产损失、工作环境破坏或这些情况的组合。

2. 虚惊事件改善活动在事故体系中的位置

海因里希法则中 1：29：300：1000 中 300 讲的就是虚惊事件，下图用一个图示对事故体系及虚惊事件在事故体系中的位置作了一个简要说明，使我们一目了然。

（1）施工中工具落下砸到下面的行人，引起伤害（事故）。

（2）施工中工具落下，落到离行人较近的地方（虚惊事件）。

（3）施工中工具有可能落下，砸到下面的行人（危险预知活动）。

```
                              ┄┄┄┄┄ 研讨事项 ┄┄┄┄┄   施工中工具落下砸到下
         工伤                                    面的行人，引起伤害

                              ┄┄┄┄┄ 虚惊事件改善活动   施工中工具落下，落到
       虚惊事件                                  离行人较近的地方

     人的不安全行为               ┄┄┄┄┄ 危险预知活动    施工中工具有可能落
     物的不安全状态                                下，砸到下面的行人
```

分析在事故之前未导致事故的轻微伤害，或者平日的不安感觉，有效地
提高对危险的感知

虚惊事件改善活动在事故体系中的位置

虚惊事件的重要性

　　我们大家即使没受过伤，也会有过虚惊体验。如果我们能从这些体验中吸取教训，就可以防止重大事故的发生。如果我们把这些珍贵的"虚惊事件"体验告诉大家，和大家共同分析原因、寻找对策，分享你的切身感受就可以打造一个安全的职场。

六、虚惊提案的作用

1. 每个员工身上都蕴藏着巨大的潜力

潜能开发就是用有效的方式开发、释放自身的内在潜力，如危急时刻：急中生智，智慧会突然千百倍地迸发而出；绝处逢生，力量会突然千百倍地涌流而出。潜能的动力深藏在我们的深层意识当中，也就是人类原本具备却忘了使用的能力，这种能力我们称为"潜力"。我们每个员工身上都蕴藏着巨大的潜力。

2. 开发员工潜能需要环境影响和外力的诱导与促进

对于一个企业组织来说，要创新与发展安全管理，员工的潜能发挥占有重要地位，但如何充分挖掘和发挥组织员工的潜能呢？员工的能力包括了两个层次：一是表象能力；二是潜在能力。表象能力就是一个人现有的专业技术职能和行政管理职能；而潜在能力则包括了尚未表现出来的能力。潜在能力的开发需要几个因素：需要自身具有强烈的吐故纳新愿望；需要自身具有一定的对外来因素的整合能力，这种能力需要经过一定的环境影响和外力的诱导与促进方可挖掘出来。

3. 虚惊提案活动是开发员工安全改善潜能的最好方法之一

（1）提高员工的安全敏感性，加强员工的安全问题意识，开发每个人的潜力。

（2）及时发现和消除安全隐患，预防事故发生。

（3）能够加强员工间的相互交流，增强团体合作精神。

（4）营造预知、预制的工作环境。

- -

开发个人潜能　创造生产"零"风险的奇迹

靠一张卡片就能查出安全隐患？在丰田某公司，每一名员工每月都要上交一张提案卡，上面书写本人在工作中发现的安全隐患。丰田公司正是凭着这一张张小卡片，及时消除在生产中的一个个安全隐患。公司成立10多年来没有发生一起重大生产安全事故。

张海波是公司的一名普通员工，前不久，他在工作中帮助一名同事拉台车，由于同事用力过猛，将小张的手夹在台车与工作柜之间，幸好小张只是夹破了皮，没有骨折。小张赶忙把这件事写在了他的提案卡上，并提出了他的建议，要注意工作协调。没过几天，小张就接到了公司主管安全部门的反馈：台车不能拉，只能推，多人作业时要相互确认。

据了解，该公司是属于风险较高的铸造行业。如何创造生产"零"风险的奇迹呢？丰田公司认为主要是依靠人的安全意识，不断开发个人潜能。

为此，该公司每月向员工收集一次提案卡，管理者对每一张提案卡内容都给予指导建议。公司认为，安全生产关键在细节中，只有调动员工积极性，只有每一名员工都有安全意识，才能最大限度地避免事故发生。

不要让员工成为"机器"

开发个人潜能　让工作变得更轻松　更安全

为消除人的不安全行为、物的危险状态及管理缺陷，实现职场的安全，就必须发动全员的创造性思维，借助"头脑风暴法"相互启发、深入思考，积极提交虚惊提案，彻底地实施改善，才可以让我们的工作变得更轻松，进而使工作更快乐。

七、开展虚惊提案活动的方法

开展虚惊提案活动的方法有三个：无中生有、小题大做和借题发挥。

1. 无中生有

"无中生有"是指从发生在前辈身上的灾害事故中吸取宝贵的教训。

用敏锐的眼光深入地挖掘虚惊事件，增强全体员工的安全预见性。

近年来发生的灾害事故中的大部分，被称为旧有型或者反复型事故。从字面就可以知道，我们并没有真正充分地从过去发生的灾害事故中吸取教训。

自己或者本单位未发生安全事故，并不能说明什么，要居安思危，有效地吸取别人的经验教训。

俗话说："常在河边走，哪能不湿鞋""前事不忘后事之师"。一次违章没事，并不意味着你次次违章都会没事；别人违章没出事，并不意味着自己违章就不会出事，谁都不会一直这么幸运下去的。幸运的人随时能敏锐地感受到危险；智慧的人拿别人的教训作为自己的教材；愚昧的人拿自己的生命换取世人的警醒。

历史上的今天——旧有型或者反复型事故

2012 年 4 月的一天，重庆某个厂房工地上一个办公楼在建设之中，采用的是双排脚手架，但脚手架上未铺脚手板。当时正在进行加高脚手架搭设作业，一名架子工在传递脚手板时，由于脚手板过重，未抓牢导致脚手板倾倒、滑落，站在他后方的架子工老张（35 岁）以为自己很有经验，这点小事不算什么，伸手去抓该脚手板，脚一滑从 20 多米的脚手架上摔落，四肢摔断，住院 6 个月，从此无法干重活。后来，这件事被写入了公司的安全日历，用来教育大家时刻不忘安全。

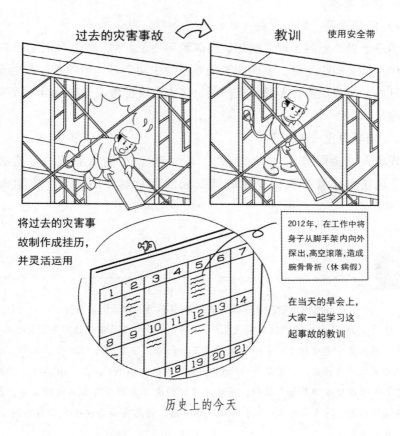

过去的灾害事故　　　教训　使用安全带

将过去的灾害事故制作成挂历，并灵活运用

2012年，在工作中将身子从脚手架内向外探出，高空滚落，造成腕骨骨折（休病假）

在当天的早会上，大家一起学习这起事故的教训

历史上的今天

2. 小题大做

"小题大做"就是要把事件当作事故来处理。事故与事件构成的要素都是一样的，只不过是人的不安全行为、物的不安全状态在时间、空间轨迹交叉过程中发生位移，从而没有发生事故而已，"小题大做"就是要把事件当作事故来处理，提高全体员工的安全敏感性。

安全生产是企业生存的根本之所在，是关系企业发展、员工生命的头等大事，所以在日常的安全管理工作中，应该从小事抓起，事事做到"小题大做"，加强员工的安全培训，提高安全防范意识，谨记"勿以事小而不为"。

安全生产，百分之一的疏忽和错误可能导致百分之百的重大损失。因此抓安全要敢于和善于"小题大做"。

虚惊提案概述

壹

3. 借题发挥

1）借题设疑　启思激趣

学成于思，思源于疑。这句话精辟地阐述了"疑""思"对学习知识的重要性。员工懂得质疑，就能变被动学习为主动学习，积极参与安全改善的全部过程。实践证明，不断促进质疑，多方启发思考，是提升员工改善能力必经途径。

2）同题对比　求同存异

现场人（操作者）、机（设备）、环（环境）、管（管理）等要素是动态的，现场操作者要根据变化的情况采取有针对性的对策，才能确保安全。

- -

对吊物重量确认不清　人员站位不当　物落伤人致死

2011 年 7 月 17 日，某钢铁公司氧气厂，2 号、3 号空气压缩机过滤器到货卸车，用 8 吨汽车吊停在货车尾处卸车，第一件顺利吊下。此时，任某（男，28 岁，大学，机动科长）同刘某从厂房出来，站在第一件西侧讨论其用途。14 时 35 分吊第二件。当把空气过滤器主体吊出货车槽开始下落时，箱体主体的西南下角蹭挂货车右边槽上方，箱体急速向南偏甩，同时汽车吊车头翘起，吊物迅速下落，将站在吊物旋转半径内的任某砸伤，后经抢救无效死亡。

事故原因：

（1）吊车司机对吊物重量确认不清，估计偏轻，违章冒险操作。

（2）起重作业管理不善，没有配备专业起重指挥及司索工。

（3）卸货位置不当，任某站位不当。

事后此事故被通报集团公司各分厂，公司要求各分厂进行深入排查、整改。

扪心自问，我要是他们中的一员，会发生同样的事故吗？

举一反三，克服侥幸麻痹思想，提高自己的知险、识险、避险、排险能力，从预防的角度狠下功夫，制定切实可行的措施，防止同类事故的发生。

借题发挥

人类有三种学习方法：
（1）亲身经历——这是最痛苦的。
（2）借鉴模仿——这是最容易的。
（3）反思创新——这是最高贵的。

八、事故链

1. 事故链的构成

危险、虚惊事件、事故构成了"事故链"。三者之间存在一定的关联，但是事故在某一时刻会不会发生，完全取决于致害物是否与人接触以及接触后对人的伤害程度。因此，从本质上看，事故就是一种发生了的"随机虚惊事件"，它发生于人、物轨迹意外交叉的"时空"。事故与虚惊事件从构成要素上是一样的，只不过是虚惊事件是事故构成要素在时空上发生位移而已。我们在研究虚惊事件的同时千万不要忘记分析事故，因为分析一次事故就等于研究了300次同样的虚惊事件。

2. 克服侥幸心理

习惯性违章从其特点看，具有潜在性、顽固性，要杜绝着实很难做到。有时虽然已违章，如果能及时觉察并采取补救措施也能避免事故。最可怕的是此时还存在侥幸心理。侥幸心理是在屡屡发生习惯性违章而没有发生事故或者有惊无险以及个人心理及情绪发生波动的情况下产生的一种冒险心理状态。如能克服侥幸心理，也就可以避免习惯性违章，避免造成事故。

习惯成自然　多次有惊无险　百密一疏成大患

某钢厂炉前工小王做了近10年的炉前工，有好多次吊运保护渣时行车吊还没有离开他马上就在吊物下面开始工作，安全员告诉他在起重物下停留是不安全行为，但他不以为然，因为经常这样做，从来没有出过事。就是在这种侥幸心理下，他养成了习惯，终于有一天出事了。这一天他上夜班，和往常一样，行车吊的保护渣还没有离开，他就在吊物下开始工作，不巧保护渣的一个吊带脱落，一包保护渣从4米高的吊钩上散落，全部砸在小王身上，造成其重伤。

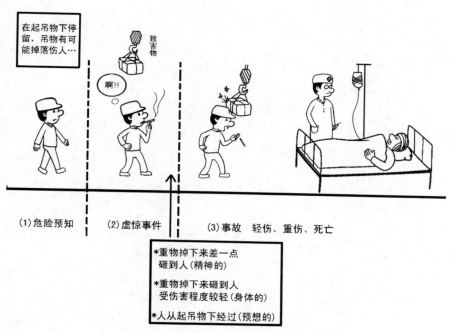

(1)危险预知 | (2)虚惊事件 | (3)事故 轻伤、重伤、死亡

*重物掉下来差一点
 砸到人(精神的)

*重物掉下来砸到人
 受伤害程度较轻(身体的)

*人从起吊物下经过(预想的)

克服侥幸心理

在实际工作中，有许多人甚至是业务能手、技术骨干、工作标兵，都常常犯一些低级错误，造成不应有的人身伤害和设备损坏事故，事后在调查原因时，绝大多数归于侥幸心理下的习惯性违章。

贰

虚惊提案编写

一、找问题

有了虚惊体验以后，要马上记录下来，并且挖掘虚惊事件背后的问题——人的不安全行为、物的不安全状态、管理上的缺陷。

常见人的不安全行为

序号	人的不安全行为	序号	人的不安全行为
1	操作错误、忽视安全、忽视警告	8	在起吊物下作业、停留
2	造成安全装置失效	9	在机器运转时进行加油、修理、检查、调整、焊接、清扫等工作
3	使用不安全设备	10	有分散注意力的行为
4	手代替工具操作	11	在必须使用个人防护用品的作业或场所中，忽视其使用
5	物体（指成品、半成品、材料、工具、切屑和生产用品等）存放不当	12	不安全装束
6	冒险进入危险场所	13	对易燃、易爆等危险物品处理错误
7	攀、坐不安全位置		

常见物的不安全状态

序号	物的不安全状态
1	防护、保险、信号等装置缺乏或有缺陷
2	设备、设施、工具、附件有缺陷
3	个人防护用品用具——防护镜、手套、护目镜及护罩、呼吸器官护具、听力护具、安全带、安全帽、安全鞋等缺少或有缺陷
4	生产（施工）场地环境不良

常见管理缺陷

序号	管理缺陷
1	安全生产相关规章制度不完善、不健全
2	管理者自身安全素质不高或只重视生产而对事故隐患视而不见、监管不力
3	员工因缺乏必要的安全教育培训而导致安全意识不强，无法形成良好的安全文化氛围
4	安全管理中不按制度办事，以人情、义气代替规章、原则
5	各级主管发现员工不安全行为时讲解不清、态度恶劣、语气蛮横，不仅不容易使员工认识到错误，而且会让员工产生逆反心理，继续违章

〈回答〉
1. 钩子上没有防脱装置
2. 吊重物时不平衡
3. 未戴安全帽
4. 开车没看后面
5. 边说话边操作
6. 地沟盖板未盖好
7. 东西散乱
8. 窗户玻璃破裂
9. 在工作现场乱跑
10. 没系安全带
11. 没有安全护栏
12. 转动部分没有罩
13. 缺少传送带
14. 堆积的货物超高
15. 链条脱落
16. 部件快从桌子上掉下来
17. 电缆线缠住了
18. 火星粘在电线上
19. 没有安全眼镜和面具
20. 货物未固定
21. 一只手开车

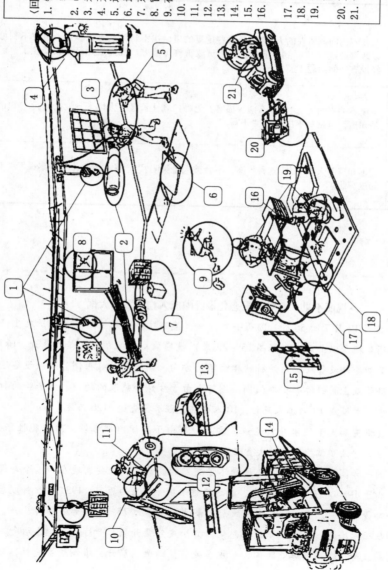

对号入座找问题

虚惊提案编写

作为现场管理者最大的问题是看不到生产现场有问题。对隐患视而不见、听而不闻、言而不语（简称"三不"）。

视而不见、听而不闻、言而不语表现一览表

"三不"	内　　容
视而不见	找不出问题所在的人。"老是做些重复的事，找不到什么虚惊事件，更找不到可以改善的地方。""到目前为止已尝试改善许多地方，我们这儿已经很安全了，已经没有任何问题了。"
听而不闻	漠不关心的人。"提什么虚惊提案？无聊！""生产任务太忙了，没空写。""知道是知道，但是写不出来。""不写。"
言而无语	不知道的人。"提出这种提案，不会被人耻笑吗？""现在还谈什么提案…""不知道写法。"

视而不见　高炉炉况恶化最终酿成人亡炉毁的大祸

1990 年 3 月 12 日 7 时 56 分，随着一声闷响，某钢铁公司炼铁厂一号高炉在生产中发生爆炸。高炉托盘以上炉皮（标高 15～29 米）被崩裂，大面积炉皮趋于展开。瞬间，部分炉皮、高炉冷却设备及炉内炉料被抛向不同方向，炉身支柱被推倒，炉顶设备连同上升管、下降管及上料斜桥等全部倾倒、塌落。由于红焦和热浪的灼烫、倒塌物的打击及煤气的毒害，共造成 19 名工人死亡，10 人受伤，经济损失达 2120 万元。

经过反复调查和大量技术分析论证，这是一起由于高炉内部爆炸，炉皮脆性断裂，推倒炉身支柱，导致炉体坍塌的特大责任事故。

事故前的一号高炉炉况恶化，已承受不了突发的高载荷，主要表现在：①冷却设备大量损坏。由于 1984 年大修留有隐患，加之操作维护管理上的原因，1987 年 5 月以后炉况失常，冷却设备损坏严重。到这次事故前，合计损坏率为 75.1%。为了维持生产，采用了外部高压喷水冷却，加剧了炉皮的恶化。②炉皮频繁开裂、开焊，高炉已承受不了炉内突发的高载荷。在炉内爆炸瞬间，炉皮多处脆性断裂、崩开，推倒炉身支柱，整个炉体坍塌。

企业中比安全事故还可怕的事——不把问题看作问题的惰性，视而不见、听而不闻、言而无语！

看不到问题是最大的问题

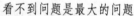
不断地发现问题是安全职场的关键

问题意识能力：
在问题还没有明朗化以前预先感觉到问题存在的能力。
问题解决的三大主题：
（1）发现问题。
（2）思考问题。
（3）解决问题。

二、做改善

1. 虚惊事件改善的七原则

（1）消除。如无害化工艺措施，无害代替有害，自动化作业，遥控技术。

（2）预防。如安全阀，安全屏保，漏电保护装置，安全电压，熔断器、防爆膜。

（3）减弱。如局部通风排毒，低毒代替高毒，降温措施，避雷装置，消除静电装置，减震装置。

（4）隔离。如遥控作业，安全罩，防护屏，隔离操作室，安全距离，防毒面具。

（5）连锁。如连锁装置。

（6）警告。如安全色、警告标志。

（7）个体防护。如个体防护装置。

2. 虚惊事件改善七原则的优先顺序

（1）消除风险。如使用无毒、非可燃溶剂替代高毒、高燃溶剂。

（2）降低风险。①用低毒、低燃物替代高毒、高燃物。②将风险源与接受者隔离。如机器防护装置可防手触锯床之刃；幕状物可防眼触焊弧之光；局部排风系统可把工人呼吸区的有毒蒸气抽走。③限制风险。如工程技术措施中的刨床的自动喂料装置；管理措施中的用以减少暴露时间的轮班制；某些过程在现场无人时进行。

（3）使用个体防护装置。仅当无立即可行的其他方式，作为临时暂且措施，才使用个体防护装置。因为个体防护装置有如下缺点：①不能消除或降低风险。②如因任何原因装置失效，则工人完全暴露于危害中。③如装置妨碍了工人完成工作任务的能力，则会形成新的问题。

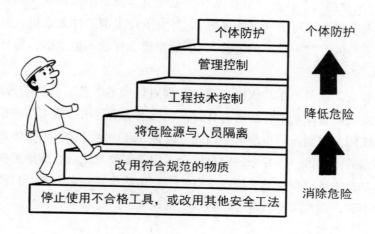

个体防护

个体防护

管理控制

工程技术控制

降低危险

将危险源与人员隔离

改用符合规范的物质

消除危险

停止使用不合格工具，或改用其他安全工法

虚惊事件改善的七原则优先顺序

虚惊事件改善措施的基本要求

（1）能消除、减弱生产过程中的危险、危害。
（2）处置危险或有害物，并降低到国家规定的限值内。
（3）预防生产装置失灵和操作失误产生的危险、危害。
（4）能有效预防重大事故和职业危害的发生。
（5）发生意外事故时，能为遇险人提供自救和互救条件。

3. 虚惊事件安全改善"从质到量"的四阶段

1) 从单纯纸上谈兵"好提案"变成"立竿见影小改善（实施报告）"

相对于拼命地写出"好的提案"，努力争得无谓的件数来讲，虽然很小但具现实性的"实施完了的改善"，更加重要。件数不追求多，每月一件就够了。

企业应该让员工主动积极思考，在面对烦琐的工艺、较高的劳动强度、很多的安全隐患以及不合适的工具时，积极主动地运用日常工作中积累的经验提出实用又有创意的小改善。因此，改善并非一定是针对工艺体系、生产布局等做的大项目，也并非一定是综合运用诸多改善工具、数据逻辑分析的大项目。改善可以很简单，可以来自一个班组甚至是一名员工，只要他对生产现状不满，深入思考后就可以做成功的改善。

 案例

日本的经营之神稻盛和夫来中国演讲时的一段讲话

不断从事创造性的工作。

昨天胜过前天，今天胜过昨天，不断琢磨，不断改进，精益求精。我接着要做的事，就是人们认为我们肯定做不成的事。

我常以清洁工为例来说明这个道理，清洁工作似乎很简单，没有什么创造性而言。但是，不要天天机械地重复单调的作业，今天这样试试，明天那样试试，后天再别样试试，不断考虑清扫方法，不断提高清扫效率，365 天孜孜不倦，每天进行一点一滴的改进，结果即使看来简单的工作，也会产生很有价值的创新。

一天的努力，只有微小的成果，但是锲而不舍，改良改善积累上一年，就可以带来可观的变化。不只清洁工作，企业里各种工作：营销、制造、财务等都一样。这个世界上划时代的创造发明，无一不是在这样踏踏实实，一步一步努力的积累中产生出来的。

积沙成塔：从小改善开始为未来大改善积累经验

虚惊提案是写出来的吗？

不！

虚惊提案是**做**出来的！

改善如未能加以实施是毫无意义的。不管如何卓越的构想，未能加以实施则只不过是画饼充饥而已。但也不能盲目行动，在实施前应针对改善方案进行讨论、评价。

2）从"要我写虚惊提案"变成"我要做改善"

（1）"要我写虚惊提案"使有的虚惊提案有名无实。很多企业在开展零事故运动的初期，要求每位员工每月必须写一份虚惊提案，达不到要求，单位领导就要被考核，这就造成很多虚惊提案有名无实。

（2）"我要做改善"可以让现场工作变得更轻松、更安全。最了解生产现场的是员工自己，员工只有主动参与其中才能把隐患找出来。对设备等如何进行改善，改善是否达到预期的效果，是否能找到更好的工作方法等，最有发言权的都是员工。

对提案者来讲，填写虚惊提案不仅是一个简单的写作过程，更是一个反复推敲、反复实践、经历挫折、自我完善的过程。虚惊提案不仅能让现场工作变得更轻松、更安全，也打造了卓越的员工团队，这就是企业的核心竞争力。

"改善"是丰田管理的"魂"

早在 1950 年，石田退三就委派丰田英二到美国福特公司考察，丰田英二和他的得力助手大野耐一通过一系列的探索和实验，从日本的国情出发，提出了很多伟大的管理创新。其中很重要的一项就是"动脑筋创新"，也就是所谓的"创意功夫"制度。

"创意功夫"是从福特"合理化建议"演化而来的，但丰田英二却把这项建议逐渐演变为"让员工有成就感"的丰田文化。丰田英二发现，福特只是从员工参与的角度出发，对员工提出的对公司有益的建议实行奖励，在这方面，丰田有着更大的潜力。丰田创始人就是个只有小学文化程度的发明家，而这个小学文化的发明家，却把发明的纺织设备卖到了发明纺织机的英国。

由此丰田英二得到启发，如果把福特的"合理化建议"制度，与丰田佐吉的"发明家"精神结合起来，那丰田岂不是获得了强大的竞争力？从此，丰田开始了以员工为主体进行的"创意功夫"体系，后来，这一体系上升成为以激发员工智慧为主要内容的"改善"体系，丰田把这一体系放在了一个极其重要的位置，在丰田内部的管理文件中，称"改善"体系是丰田管理的"魂"！

的确，半个多世纪以来，丰田的"改善"体系一直被全体丰田员工视为提升自己改善能力、改善人与人之间的交流、提高个人参与公司经营的意识、不断暴露问题以及提高工作现场活力的法宝。

开钻床不能戴手套！要用夹具不要用手扶！

每人都看一次加工过程，用不同的眼光进行逐项检查，效果显著。

把照片张贴出来

一起来认识潜在的危险

进行改善

自己动手将人的不安全行为、物的不安全状态——揪出来

大家一起拿出智慧进行研究，就会找出连自己都感到意外的好的改善方法。抛弃需要大量费用的方法，一起来研究费用低廉、简便易行的安全对策吧。

3）向稍高水准挑战

我们不能总是局限于在我们的权限和能力范围内做虚惊提案改善，而要不断扩展自己的改善领域，要向超越自己目前的权限和能力的领域挑战。

成功不是一座山，别让它挡住你前行的路。成功只能是垫脚石，把它踩在脚下，就成为你超越自我的阶梯。

如果曾经为了超越自我，奋力拼争，终于攀上了成功的高峰，却驻足不前了，那么，这山峰岂不就等于一座坟墓？

其实，一次超越自我的成功就是一个垫脚石，不必高看它。只要一小块一小块把它垫在脚下，既为自己开辟了登上高峰的路，也为后来人留下了上山的路。到达一个高峰后，要赶紧下来，重新向另一座高峰攀登。要是得到了小小的成功就止步不前，哪里还能得到更大的成功呢？

失败是成功之母，成功更是成功之母。

真正给员工思考的空间　引导出他们的智慧

在丰田眼里，没有消极的员工，只要方法正确，员工都能焕发活力。因为，人都希望有归属感，个别人的落后也会在集体向上的带动下，发生变化，只不过时间不同而已。让员工做事情，不求100%的改善或者达到，只要有50%的可能，就开始去行动，在行动中做到"现场现物"，持续改善到100%。不要给员工过高的压力和期望，最好只要让他伸伸手就能够到。然后，员工产生一种成就感，进而产生充实感，大脑才能开始活性化，才能不断地进取向上。

当然，发挥一线员工的智慧进行改善，并不表示改善目标是自下而上，而是每年度公司都有改善方针，从质量、成本、安全等多个角度制定改善目标，然后，把目标层层分解到每个班组。

"不愧为'穿着工装的圣贤'。"晚年的大野耐一在书中留下了感人的反思："没有人喜欢自己只是螺丝钉，工作一成不变，只是听命行事，不知道为何而忙。丰田做的事很简单，就是真正给员工思考的空间，引导出他们的智慧。员工奉献宝贵的时间给公司，如果不妥善运用他们的智慧，才是浪费。"

只要大家都拿出智慧

发挥大家的智慧

再强调一遍：改善如未能加以实施是毫无意义的。不管如何卓越的构想，未能加以实施则只不过是画饼充饥而已。但也不能盲目行动，在实施前应对改善案进行讨论、评价。

4）处置→改善→根本解决

刚开始时处置也是可以的，至少没有将问题放置不管，例如钢丝绳断了换一根新的钢丝绳，护栏坏了把它修复等。但是处置绝不等同于改善，如果未能将根本原因除去，有可能改善前的问题会重复发生。所以我们要从处置向改善努力。不能因一次改善就满足，应致力于根本解决做第二、第三次改善，亦即持续改善是绝对必要的。借着如此的累积，就能逐渐体会到更高水准的改善能力。

问题根本解决的方法——五个为什么

当有人问丰田公司的总裁成功的秘诀时，他就说了这么一句话：碰到问题至少问五个为什么。五个为什么同样适用于虚惊提案的改善。简单说五个为什么就是深度分析法，被称作"为什么－为什么分析"，它是一种诊断性技术，被用来识别和说明因果关系链。它的根源会引起恰当的定义问题。五个为什么分析被用于解决实际问题过程的一部分，即根源调查。

五个为什么案例——设备故障

五个为什么	原　因	对　策
为什么机器停了？	因为超负荷保险丝断了	更换保险丝
为什么超负荷呢？	因为轴承的润滑不够	更换轴承
为什么轴承润滑不够？	因为油泵吸不上油来	加大润滑油泵
为什么吸不上油来？	因为油泵轴磨损、松动了	更换油泵
为什么油泵轴磨损、松动了？	因为没有安装过滤器，混进了杂质	安装滤网

碰到问题至少问五个为什么

五个为什么改善实施步骤

（1）说明问题并描述相关信息。
（2）问"为什么"直到找出根本原因。
（3）制定对策并执行。
（4）执行后，验证有效性，如有效进行定置、标准化、经验总结。

4. 虚惊提案改善创意

（1）虚惊提案改善需要不断有创意。虚惊事件的改善过程本身就是创意的过程，没有创意的虚惊提案不会有好的效果。所以我们说创意发想法是虚惊提案的基础与灵魂。

创意是一种思维的结果，是人脑中各种"意念团"（知识点）碰撞的结果，是人们对于现有事物的改造与再认识。创意是头脑中不同的知识点的融合、嫁接与重新组合。相同的知识点和不同的知识点相互交织、重叠、融合一起，经过人脑的深加工，再合成形式新的"意念团"，从而变成了我们通常所说的"创意发想"。

（2）创意提案增加，虚惊提案改善工作才会引向深入。物质的工具是人类四肢五感的延伸，思维的工具则是我们大脑的延伸。一开始做虚惊提案时，由于知识容量、个人能力的制约，提案数量是非常有限的。但是；创意发想法一旦被人们所掌握，广大员工就会借助创意工具理解和解释，使得思维冲破限制，提出的创意提案数量就会激增，随之而来的虚惊提案工作也会更加深入。

创意就是借物使力

创意发想法也可以称之为思维工具。荀子说："吾尝跂而望矣，不如登高之博见也。登高而招，臂非加长也，而见者远；顺风而呼，声非加疾也，而闻者彰。假舆马者，非利足也，而致千里；假舟楫者，非能水也，而绝江河。君子生非异也，善假于物也。"

译文：我曾经踮起脚后跟想看得远一点，不如登上高处看得宽广。登上高处招手，手臂并没有加长，但更远的人也能够看得见我；顺风呼喊，声音并没有变得洪亮，听的人会觉得更清晰。坐车乘马，不是靠人的脚走得快，可是能达千里；行舟划船的，不是靠游泳，可是能渡过江河。君子不是生下来就有什么不同，只不过是善于借物使力。

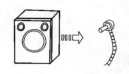

扩大：通过效果扩大，以便于确认　　缩小：通过缩小形状，以便于携带

组合：通过功能组合，减少工具数量　　分解：通过部分拆解，方便包装存储

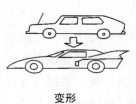

变形　　　　　　　　　　　　　变色

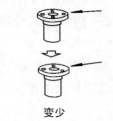

变少　　　　　　　　　　　　　变轻

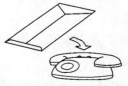
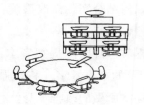

改变方法、手段　　　　　　　　改变配置、布局

生产生活中的创意

三、写提案

关于写提案这一话题，就我们在现场咨询过程中的几点感受和大家分享一下。

1. 关于虚惊提案卡片

新的虚惊提案卡片与几年前使用的卡片比较，一个主要不同是增加了改善后的图片。虚惊提案的提交流程是找问题、做改善、写提案、获奖励，其中特别强调了"做改善"。改善必须从自身做起，每个员工人人如此。零事故运动对每位员工的要求是："不求惊天动地，只求脚踏实地，从我们身边的小事做起。"

我们开始在有些单位搞虚惊提案的试点，要求每位员工写提案，结果几个月下来，一个车间收集了几千份虚惊提案卡，提案提交数量指标好像是完成了，但车间现场的隐患并未减少。发现问题后，我们将提交虚惊提案卡的方法做了修改——虚惊提案卡必须是做完改善后再提交。

改善也有要求。"改"就是要改变、"善"就是比以前做得更好。例如钢丝绳断了换一根，这不是改善。要分析钢丝绳断了的原因，如果吊的重物温度较高要换成专用链条，而后还要跟踪效果。

虚惊提案卡片本身就是零事故运动的产物，是为零事故运动服务的，本身就是一个不断"迭代"的过程，各单位可以根据自己的情况因地制宜做一些变化，要注重形式与效果的统一。

关于如何结合实际做改善读者可以参考本书后续有关内容。

2. 关于审核签字

虚惊提案卡片中除提案者本人签字外，还要有班组长、作业长（工段长）、科长等的本人签字（特别强调不可以代签）。

虚惊提案所做的改善本身就存在风险，各级领导的审核就是在项目开始之前，就要进行论证，将风险降到最低。零事故运动实施过程中强调一点，有了成绩是员工的，有了风险各级领导要主动承担。

领导就是服务，签字本身也是服务，签字过程也是提供资源的过程。有些提案的改善是员工力所不能及的，就要求各级领导要提供必要的资源（人、物、资金、技术等），帮助员工完成提案改善。有些提案本身可能还不够完善，通过各级领导的审核可以拾遗补阙，完善方案。

虚惊提案卡填写要点

序号	填写内容	填写要求	填写要点
1	事件描述	把事件描述简明、清楚	格式：作业过程＋因为人的不安全行为、物的不安全状况或管理的缺陷＋引发可能的伤害
2	改善状况	改善前后照片	改善前要将问题说清楚。改善后要把主要效果说清楚
3	事件类型	多项选择	抓住主要事件类型
4	体验类型	单项选择	要把握体验类型要点
5	原因分析	三项都要填写	（1）一般情况下，虚惊事件的分析都要从人的不安全行为、物的不安全状态、管理缺陷（主要指操作规程、制度、标准等）三方面进行分析。（2）内容要简明扼要
6	危险等级	单项选择	当选 A 时候，要立即提案给安全管理部
7	改善层次	多项选择	（1）提案者也是改善者，首先必须有自我改善。（2）重要提案实施班组一般都要参与和审核。（3）实施效果较好的车间要水平展开。（4）公司安管部研讨是否在公司推广
8	我已经处理，方式是	在自己力所能及的范围内已经实施的改善	如设置警示标志
9	我将会处理，方式是	已有计划，正准备实施的改善项目	如加装防呆装置
10	我建议处理，方式是	自己力所不能及，需要车间提供资源才能实施的项目	如安装红外线报警仪等
11	班组展开	针对 5 提出的人、物、管理的不足班组对策	个人解决困难但班组可以解决的对策
12	单位展开	针对 5 提出的人、物、管理的不足车间对策	班组解决困难但车间可以解决的对策
13	公司展开	针对 5 提出的人、物、管理的不足公司对策	对于各单位普遍存在的安全隐患，公司要研讨最佳方案，统一标准，投入资源，组织实施

虚惊提案卡片模板

虚惊提案

虚惊提案卡	单位	提案者	班组长	系长	主管领导（画口）	改善层次（画○）
事件时间		报告日			危险等级（画口）	

从事活动（可多选）： ●正常作业　●换工装　●搬运　●点检/维修　●设备移动　●设备调试　●行走中　●抢修　●异常处理　●其他

事件地点： 生产线

危险等级（画口）：
A. 可能造成重大伤害
B. 可能造成一般伤害
C. 可能造成轻微伤害

改善层次（画○）：
A. 公司改善（展开）
B. 单位改善（展开）
C. 班组改善（展开）
D. 自我改善（展开）

事件概述

改善状况： 改善前　　改善后

主管领导（画口）：
我已经处理，方式是：
我将会处理，方式是：
我建议处理，方式是：

事件类型
1. 物体打击　2. 车辆伤害　3. 机械伤害　4. 起重伤害　5. 触电　6. 灼烫
7. 火灾　8. 高处坠落　9. 中毒窒息　10. 爆炸（火药/锅炉/容器/爆破/瓦斯等）
11. 其他伤害（淹溺/透水/冒顶等）

体验类型　□精神　□身体　□预想

原因分析
1. 人的不安全行为：
2. 物的不安全状态：
3. 管理缺陷：

班组展开： 1. 人的对策　2. 物的对策　3. 管理对策　确认者：　确认日：

单位展开： 1. 人的对策　2. 物的对策　3. 管理对策　确认者：　确认日：

公司展开： 1. 人的对策　2. 物的对策　3. 管理对策　确认者：　确认日：

安管部审核： 确认者：　确认日：

【报告程序】提案者→班组长、系长、主管领导→安管部（确认并在全厂展开）→返回车间

【危险度A级】（立即）

机床防护装置改善（刨床消枕防护改善）案例

虚惊提案卡	单位	提案者	班组长	工长	主管领导（画○）	改善层次（画○）
事件时间 2014年5月10日	中板分厂	王强 报告日	刘大力 2014年5月12日	刘凯	刘大力	王彪

事件地点： 中板炼钢　　**生产线：** 行车作业区

从事活动（可多选）：
- 正常作业 √　● 换工装　● 搬运　● 点检/维修
- 设备调试　● 设备移动　● 行走中　● 其他
- 异常处理　● 抢修

危险等级：
A. 可能造成重大伤害
Ⓑ 可能造成一般伤害
C. 可能造成轻微伤害

改善层次（画○）：
A. 公司改善（展开）
Ⓑ 单位改善（展开）
C. 班组改善（展开）
D. 自我改善（展开）

事件概述：
我本人2014年5月10日早班，准备上行车交接班时，产生滑青。我在上行车楼梯上，上行车过程中踩滑，下巴磕在行车楼梯上，另外建议分厂改造上下行车的方式。

改善状况： 改善前　改善后（改善一、改善二）　当心滑跌

事件类型：
1. 物体打击　2. 车辆伤害　3. 机械伤害　4. 起重伤害　5. 触电　6. 灼烫
7. 火灾　8. 高处坠落　9. 中毒窒息　10. 爆炸（火药/锅炉/容器/爆破/瓦斯等）
N. 其他伤害（淹溺/透水/明爆/冒顶等）

体验类型： □ 精神　□ 身体　□ 预想

原因分析：
1. 人的不安全行为：跨越栏杆上行车
2. 物的不安全状态：处于悬空位置的行车扶梯
3. 管理缺陷：没有相应的管理制度

【报告顺序】提案者→班组长、系长、主管领导→安管部（确认并在全厂展开）→返回车间
【危险度A级】（立即）

班组展开：
我已经处理，方式是：在现场悬挂警示标志
我建议处理，方式是：立即报告班长，写一份虚惊提案
我将会处理，方式是：提出斜梯改善方案
1. 人的对策：对班行车操作者进行培训
2. 物的对策：完善斜梯改善方案报分厂
3. 管理对策：修订班组行车交接班管理制度
确认者：刘大力　确认日：2014年5月15日

单位展开：
1. 人的对策：对分厂所有行车操作者进行培训
2. 物的对策：5月31日前完成斜梯制作
3. 管理对策：进一步完善分厂作业标准
确认者：王彪　确认日：2014年6月5日

公司展开：
1. 人的对策：
2. 物的对策：
3. 管理对策：
确认者：　确认日：

安管部审核：
确认者：　确认日：

虚惊案例编写

四、获奖励

1. 审核提案内容的要领

(1) 各级主管对于提案的内容务必认真审核（责任感）：

① 目的是什么？

② 在改变的过程中有无隐藏（安全、品质相关）的隐患？

③ 成果的内容是否与部内的安全方针一致？

(2) 评价（价值感）：

① 提案的主题是否有改善，还是提点子而已？

② 提案人对于改善过程是否亲自参与（亲自动手）？

③ 提案人是否有追求完美（锲而不舍）的精神？

(3) 评价（成就感）：

① 对提案人的经验进行分享（主管要亲自不定期与提案人进行意见交流）。

② 多对提案人使用鼓励言辞。

③ 对每位提案人的评价是一致的。

2. 虚惊提案奖励基准

(1) 设立得分基准，并设定奖励金额，奖励金额 10 ~ 2000 元。

(2) 0 ~ 10 元占总提案数的 80%，按照各子项累计得分最终评价奖励结果。

(3) 技能职务减分：与本职工作有关的一般技能员工的方案→减合计得分的 50%，与本职工作有关的班组长的提案→减分 30%。

(4) 优秀虚惊提案（高等级），附加得分说明书经公司虚惊提案管理委员会审议。

鼓励提案人并进行经验分享

把给少数员工的"奖励"分给多数人

因为注重员工的智慧和创造力，所以，丰田的奖励规则是奖励多数人。你会发现精英好奖励，少数人好奖励，因为钱和名誉是稀有资源，人少了分起来没问题，但稀有资源要同时分给大部分人，就变得很难办。那么如何把少的东西分给多数人？

丰田提倡员工要勇于去提"创意提案"，看上去人人都有可能因为优秀且可行性的提案获得奖励、得到荣誉和被尊重，但实际上，真正获得奖励的也只有少数人。只不过这种做法的聪明之处在于，它让每位员工都有参与感，就像是一种视觉激励，即有点"中彩票"的意思，彩票就是把少数的财富分给多数人。整个过程是透明的，大家都有份的，机会都是均等的，但是拿到的仍然是少数。

虚惊提案

文件编号：
公告日期：
版　次：

改善提案评分基准表

绩效奖励基准表

等级	参加级	6	5	4	3	2	1	特级	总经理级
评分	5~10	11~15	16~20	21~25	26~35	36~45	46~55	56~65	66~70	71以上
奖金/元	5	10	50	100	200	400	600	800	1200	1500
核定权限	班长		部长		厂长				审查委员会	

评分基准对照表

	项目	分数																						满分100分	减点率
			1人→10分						2人→20分					3人→30分					4人(含)以上→40分							
			0	2	4	6	8	10	12	14	16	18	20	22	24	26	28	30	32	34	36	38	40		
效果A	人员削减 分数																								
	部品、工具、材料费、设备投资费等低减 (万元·月⁻¹) 分数		0(含)以上	0.05以上	0.1以上	0.15以上	0.3以上	0.5以上	0.8以上	1以上	1.5以上	2以上	2.5以上	3以上	3.5以上	4以上	4.5以上	5以上	6以上	7以上	8以上	9以上	10以上		
	降低工时 (时·月⁻¹)		1~	5~	10~	20~	30~	50~	75~	105~	135~	150~	180~												
	节省空间 m² 车间内		0~	1~	2~	4~	10~	16~	26~	36~	50~	64~	82~	100~											
	车间外		0~	50~	100~	150~	200~	250~	300~	350~	400~	450~	500~											
	安全 分数		无明显效果		比以前更安全			即使无意识也能确保安全			可防止不小心灾害事故发生			无表现的发生，不需复检			能对任何状态下都能保证安全双重预防保障			处在任何状态下都能保证安全			小计以上40分以下为限	无
	品质 分数		无明显效果		能维持特产及业务品质，有助品质提升			能防止不良的发生			无表现的发生，不需复检			提高品质精度，废除检查工程			商品价质精准，品质形象提升							
	现场系/事物系 推广		已推广至班内／已推广至组内		已推广至车间内／已推广至课内			已推广至全组内			已推广至全课内／已推广至全部内			已推广至全部内			已推广至全部门			已推广至全公司			30分	无
B	作业环境 分数		无改善		改善环境，作业轻松			改善恶劣环境，防止易疲劳作业			改善痛苦环境，废止不自然作业			改善为较快乐舒适的环境			前所未有的极佳作业环境						30分	无
其他	独创性		无独创		模仿他人构想，明确实改善			小部分自创组合而成			大部分自创组合而成			崭新构想，独自自创努力而成			极优的构想，独自思想并克服困难条件而成							
	着眼与构想		无明显着眼		经上级指示问题			着眼棘手同题，相当好			着眼相当辛苦，相当肯定			从日常看着眼的问题点着手			长期以来推都没有注意的问题，敢优							
	努力度		无明显努力		颇需努力			颇费努力			实施相当辛苦，努力被肯定			经过长期实施，相当努力受到肯定			实施困难，非经深入考虑不可			改善困难，付出极大辛苦				
工作相关	职务相关性 本 职		一职等		二职等	三职等	四职等(含)以上		一职等	二职等	三职等	四职等		一职等	二职等	三职等	四职等		一职等	二职等	三职等	四职等(含)以上			
	非本职																			三职等	四职等	三职等	四职等(含)以上		
	加权系数		1		0.9	0.8	0.7		1	0.9	0.8			1	0.9	0.8			1	0.9	0.8	1			

物体打击案例分析

一、物体打击简介

1. 物体打击概念

物体打击，指失控物体的惯性力造成的人身伤害事故。如落物、滚石、锤击、碎裂、崩块、砸伤等造成的伤害。物体打击会对施工现场工作人员的安全造成威胁，甚至出现生命危险。特别在施工周期短，劳动力、施工机具、物料投入较多，交叉作业时常有出现。这就要求作业人员在机械运行、物料传接、工具的存放过程中，必须确保安全，防止物体伤人的事故发生。

2. 物体打击发生的主要原因

（1）作业人员进入施工现场没有按照要求佩戴安全帽。

（2）没有在规定的安全通道内活动。

（3）工作过程中的一般常用工具没有放在工具袋内，随手乱放。

（4）作业人员从高处往下抛掷建筑材料、杂物、建筑垃圾或向上递工具。

（5）脚手板不满铺或铺设不规范，物料堆放在临边及洞口附近。

（6）拆除工程未设警示标志，周围未设护栏或未搭设防护棚。

（7）平网、密目网防护不严，不能很好地去封住坠落物体。

（8）压力容器缺乏检查与维护等。

3. 物体打击的预防措施

（1）人员进入施工现场必须按规定佩戴安全帽。应在规定安全通道内出入。

（2）安全通道上方应搭设双层防护棚。

（3）钢井架、施工用人货梯出入口位置应搭设防护棚。

（4）临时设施的盖顶不得使用石棉瓦作盖顶。

（5）边长小于或等于250毫米的预留洞口必须用坚实的盖板或封闭用沙浆固定。

（6）作业过程一般常用工具必须放在工具袋内，物料传递时不准往下或向上乱抛材料和工具等物件。所有物料应堆放平稳，不得放在临边及洞口附近。

（7）高空安装起重设备或垂直运输机具，要防止零部件落下伤人。

（8）拆除或拆卸作业要在设置警戒区域、有人监护的条件下进行。

（9）进行高处拆除作业时，拆卸下的物料、建筑垃圾要及时清理和运走，不得在走道上任意乱放或向下丢弃。

4. 常见的物体打击事故

（1）高处落物伤人。

（2）货物倒塌伤人。

（3）设备安装时倾倒伤人。

（4）手推式台车失控撞人。

二、高处落物伤人

1. 事故原因

（1）作业人员进入施工现场没有佩戴安全帽或安全帽佩戴不规范。

（2）高处作业的防落物措施不完善：

① 高处平台上的底脚无护板。

② 脚手架搭设不规范，脚手板不铺满等。

③ 高处物料堆放不稳、过多、过高、临边或乱堆放。

④ 防护网（平网、密目网）的防护不严，不能封住坠落物体。

⑤ 高处作业下方未设警戒区域，未设专人看护。

（3）随意抛掷物。

（4）在高处传递物件不系安全绳。

（5）施工现场交叉作业。

2. 安全点检要点

（1）柜子、设备上是否放置重的物品？

（2）建筑施工现场是否用好安全三宝：安全帽、安全带、安全网？

（3）高处作业物料堆放是否有防掉落措施？是否距边 1 米以外？

（4）施工现场是否设立警示区域并悬挂警示线？

（5）是否避免立体交叉作业？

一个鸡蛋也会砸死人

根据科学测算，一个 30 克的鸡蛋从 4 楼落下来会让人起肿包，从 18 楼落下能砸破行人的头骨，从 30 楼落下则会使人当场死亡。高空落物非常危险，企业进行技术改造、高空平台作业、行车检修等高空作业时，千万要注意。

另外，由于并非所有的坠物都是沿着垂直方向向下坠落，因此就有一个可能坠落范围的半径问题，国家标准规定的 R（半径）与 H（高）的关系：$H = 2 \sim 5$ 米时，R 为 2 米；$H = 5 \sim 15$ 米时，R 为 3 米；$H = 15 \sim 30$ 米时，R 为 4 米；$H > 30$ 米时，R 为 5 米。

建筑施工的"三宝"

事故防范对策

（1）柜子、设备上不要放置重的物品，防止由于其他原因落下来造成砸伤。

（2）文明施工，工完、料尽、场地清。

（3）尽量避免立体交叉作业，确须进行立体交叉作业时，应事先采取隔离防护措施。

（4）施工现场安全三宝：安全帽、安全带、安全网要配备好。

（5）高处作业堆放的物料要有防掉落措施。堆放距边缘大于1米。

（6）把好脚手架10关（材料关、尺寸关、铺板关、护栏关、连接关、承重关、上下关、雷电关、挑梁关、检验关）。

（7）使用料斗吊运或溜槽传递物料，不准采用乱投的方法。

（8）施工现场设立警示区，悬挂警示线并设专人监护。

三、货物倒塌伤人

1. 事故原因

（1）场地狭小，货物材料堆放困难，堆放不整齐，不稳。

（2）工人自我保护意识不强，对工作场所情况不了解。

（3）吊装管理不到位。

（4）货物堆放过多。

（5）码放方式不正确。

2. 安全点检要点

（1）物品码放的高度是否合理？

（2）物品码放的是否整齐、稳固？

（3）在物品码放的场地，是否有叉车与其他作业交叉作业的现象？

（4）是否有不同式样的包装箱（物品）同时放在一起的现象？

堆放的钢筋不稳　不慎滑倒压伤

2008年2月13日上午7时10分，在某工程施工现场，钢筋班工人准备将堆放在基坑边上的钢筋原料移至钢筋加工场，钢筋工刘某等3名工人在钢筋堆场旁做转运工作。由于堆放的钢筋不稳，刘某站在钢筋堆上不慎滑倒，被随后滚落的一捆钢筋压伤，后经抢救无效死亡。

事故防范对策

（1）物品码放时一定要同种规格的一起码放，不要混着码放。

（2）物品码放的高度一般不超过宽度的3倍。

（3）物品码放场地禁止叉车与其他作业交叉作业。

四、设备安装时倾倒伤人

1. 事故原因

（1）由于重心高，设备稍有倾斜即造成倾倒。

（2）没有实行防止倾倒措施。

2. 安全点检要点

（1）移动机器、设备时是否确认了重物重心的位置？

（2）对重心较高的物品，是否采取了预防倾倒措施？

（3）多人一起移动重物时，是否确认了指挥者？

拉床倾倒　压到3名工人

2012年7月11日上午，苏州工业园区苏虹中路某光电厂内发生一起倒塌事故，导致1名工人死亡、2名工人受伤。

这起安全事故源于公司内安装拉床时，拉床重心较高，安装调整过程中没有采取防倾倒措施。一名员工调整作业，使拉床稍有倾斜，引起拉床倾倒，压到3名工人身上。1名工人当场死亡，另2名工人经医院抢救脱离了生命危险。

事故防范对策

（1）移动机器、设备时首先确认重物的重心位置。

（2）用绳索、索具固定重物，防止倾倒。

（3）移动重物一般都是多人作业，一定要确定有经验的指挥者，听从统一指挥。

五、手推式台车失控撞人

1. 事故原因

（1）手推式台车不稳，造成翻倒。

（2）台车上的货物放置的方法不好。

2. 安全点检要点

（1）使用手推台车搬运物品时，放置的物品是否超出台车的宽度？

（2）放置的物品是否稳当、超高？

（3）台车是否拉着走（应推着行进）？

（4）是否有通过斜坡或不平路面的情况？

超市自动扶梯上发生的一幕惨剧

2013年6月21日上午10点多，一超市自动扶梯上发生一幕惨剧，两名保洁员不听劝阻，用自带的装满饮料的手推车推到自动扶梯上，手推车失控下滑，将一名66岁老太撞死。

监控录像显示，当天上午10时18分，两名保洁人员在超市三楼购买了15箱饮料后，装载到一辆自己带来的平板手推车上。随后，两人一前一后拉着手推车来到自动扶梯准备下楼，可刚当他们走到扶梯处时，两人顷刻间无法控制住手推车，巨大的惯性使车辆以非常快的速度下滑。事发时，电梯下方有一名66岁老太正推着超市购物推车打算下楼，当她意识到身后情况回头望时，平板手推车在飞速下滑过程中产生的巨大冲击力，将她撞到数米开外的墙角。老太随即被送往医院抢救，终因肝、脾、颅脑重伤，抢救无效死亡。

超市工作人员介绍，当时一名女性顾客带着两名保洁人员，拿着自带的手推车进入超市，未听从超市工作人员的阻拦，自认为没问题，执意购买了七八箱饮料，随后使用手推车从三楼往下走。两名60岁出头的保洁人员一前一后拉着手推车来到自动扶梯准备下楼，可就在自动扶梯上刚刚走了没几米，巨大惯性使手推车飞速下滑，从30度角的自动扶梯一路狂奔，最终导致意外发生。

手推式台车失控撞人

事故防范对策

目前常见到的手推台车主要有平板推车、超市购物车和机场行李车三种。其中超市购物车和机场行李车都设计有刹车系统，相对安全许多。

（1）手推台车运送物品时要推着行进，不要拉着走。

（2）手推台车运行路线尽量平坦。

（3）手推台车上放置的物品不要超高码放、宽度不应超过轮子的宽度。

（4）拐弯时要慢行，要提醒前面或两边的人员注意。

（5）平板推车，因为其没有自带刹车，所以在坡道使用时要十分注意。

① 不能超高、超重。

② 在坡道上使用时，最好两人控制一辆车，使用绳子对货物进行捆绑，并在车辆上绑上拉车绳索。

③ 下坡时应该倒退推车身体微向前倾，利用推车的重力作用缓慢下坡，而不要人在后拉着货物下坡，可以在坡面上加装橡胶减速片，减缓失控推车的下滑速度。

车辆伤害案例分析

一、车辆伤害简介

1. 车辆伤害概念

车辆伤害，指本企业机动车辆引起的机械伤害事故。如机动车辆在行驶中的挤、压、撞车或倾覆等事故，在行驶中上下车、搭乘矿车或放飞车所引起的事故，以及车辆运输挂钩、跑车事故。

2. 车辆伤害事故的原因

（1）行人与车辆不遵守交通规则，争道抢行，超速行驶。

（2）不遵守厂内机动车辆管理制度，无证驾驶车辆。

（3）车辆安全行驶制度不落实，车况不良，车辆带病行驶。

（4）驾驶员遵章守纪的自我约束力差，行车中精神不集中。

（5）因风、雪、雨、雾等自然环境的变化，造成刹车制动时摩擦系数下降，制动距离变长，或产生横滑。

（6）道路条件差，视线不良，指挥人员站位错误。

（7）行人与车辆不遵守铁路道口安全规定，抢越铁路道口。

3. 车辆伤害的预防措施

（1）行人与车辆必须严格遵守交通规则，严格执行《工业企业厂内运输安全规程》不争道抢行，违章超车。

（2）厂内机动车辆，必须由厂交通安全管理部门核发号牌和行驶证，车辆必须按厂内车辆监理部门规定的时间接受检验，仅限于厂内行驶。同时须办理厂内机动车辆驾驶证，没有厂内机动车辆驾驶证，任何人不准私自驾驶。

（3）驾驶员应及时掌握天气、道路与车辆状况，集中精力安全行驶。

（4）行人看见机动车辆或听到鸣笛声响，必须及时避让，不准明知车辆驶过来而不避让，也不准为了躲避尘土（刮风天）、泥水（雨后），突然从路的一侧跑到另一侧。

（5）各进料口上料人员，必须站在安全位置上指挥车辆上料，机动车辆没有停稳前，不准靠近车辆。冬季生产时，必须与机动车辆保持一定的安全距离，不准离车辆过近，防止路滑导致意外事故发生。

（6）行人与车辆必须遵守铁路道口安全规定，不准抢越道口，道口堵车时，任何人不准从火车连接处跳过或从火车下面钻过。

4. 常见的车辆伤害事故

（1）急转方向盘导致货物和人从叉车上翻落。

（2）站在叉车上平衡重量导致摔落。

（3）步行人员在工作场地内被撞。

（4）人员被夹在倒退行驶的叉车与平板之间。

（5）驾驶前移式叉车倒退行驶，脚被夹在叉车和货架中间。

（6）使用保养不良的叉车，货物落下伤人。

（7）叉车驾驶员被夹在门架和顶部护板之间。

（8）共同作业时叉车撞上发出口令的人。

（9）货车物品掉落伤人。

二、急转方向盘导致货物和人从叉车上翻落

1．事故原因

（1）无驾驶资格驾驶员驾驶叉车。

（2）未戴安全帽，速度过快。

（3）钥匙没有拔下，管理存在问题。

2．特别提醒

（1）转弯时降低车速，慢慢转弯。

叉车由后轮掌握方向，因此在前进行驶中拐弯时会向外侧大幅度拐出。另外，如果急转弯，可能会发生货物倒塌或翻转，非常危险，转弯时应降低速度，慢慢进行。

（2）要注意转弯特性。

叉车与轿车转弯时的特性差别很大。轿车由前轮掌握方向，与前轮的行驶线相比，后轮在内侧转弯。与此相反，叉车由后轮掌握方向，与前轮的行驶线相比，后轮在外侧转弯。因此，转弯时车辆后部大幅度向外拐出，请务必充分确认安全。

3．安全点检要点

（1）叉车驾驶员是否实施指名制度？

（2）叉车驾驶员在转弯时是否减速？

（3）叉车的货物是否放平稳？

（4）转弯的半径是否合适？

无证驾驶人员驾驶叉车急转弯翻车被压成重伤

有驾驶资格的驾驶员请假没来上班，空出一辆叉车，某无证驾驶人员根据自己判断驾驶该车。当载着托盘的叉车行驶到90米左右的转弯处时，由于转弯过急突然翻倒。驾

驶员头部猛撞到顶部护板的角钢上，又被甩到混凝土路面上，倒下后又被压在叉车下面。多亏现场员工及时抢救，该驾驶员保住了性命，但仍身受重伤。

急转方向盘导致货物和人从叉车上翻落

事故防范对策

（1）叉车的小转弯机动性能比较好，因此在转弯时应降低速度。
（2）叉车要实施指名制度，只限于有驾驶执照的人员驾驶。
（3）妥善管理叉车，务必注意不要忘记拔掉叉车钥匙。

车辆伤害案例分析

三、站在叉车上平衡重量导致摔落

1. 事故原因

（1）叉车装载超过容许载重。

（2）叉车作业人员站在座椅以外的部位。

2. 特别提醒

不可装载超过容许载重范围的货物。

叉车以前轮为支点，装载重量和后部的平衡重块保持平衡，如果装载方法不当，会变得很不稳定。

载重表可以显示叉车在不同上升高度时载重中心和装载重量的关系。如果装载货物超出了装载重量，货物与平衡块之间的平衡就被破坏，后轮会翘起，造成不能操纵或翻倒等事故。

3. 安全点检要点

（1）叉车上是否有除驾驶员以外的作业人员？

（2）叉车是否超载运输？

（3）在货物升起的状态下是否前后移动货架？

（4）是否对叉车驾驶员及相关作业人员进行叉车安全驾驶的培训？

- -

人站在叉车上平衡重量导致摔落

一名叉车司机驾驶叉车叉起堆有货物的托盘（1.39吨）欲行驶时，因货物较重，车体后部翘起。为了保持平衡，该司机叫来附近一名作业人员站在车体后部平衡重量。当叉车行驶了一会儿，停下来升起货物时，后部突然翘起，平衡重量的人员摔落。货物从失去平衡的叉车上落下，恢复平衡的叉车左后轮从这名员工胸膛上碾压而过，造成该员工死亡。

人站在叉车上平衡重量导致摔落

事故防范对策

（1）叉车上不能乘坐除驾驶员以外的人。
（2）叉车装载切勿超过容许载重。
（3）在叉车举升货物的过程中不可前后移动货架。
（4）装载的货物不要超过挡货架。
（5）不要提升超过需要的高度。
（6）不仅要对驾驶员，对相关工作人员也要进行安全教育。

四、步行人员在工作场地内被撞

1. 事故原因

（1）自以为工作场地内无人，在视野被挡住的情况下仍向前行驶。

（2）相关人员在正式作业前有临时作业或有抢修抢险作业，突然占用叉车工作现场，而现场管理者未将现场情况通知叉车驾驶员。

2. 特别提醒

注意视野和死角。

在叉车上，视野受到门架以及装载货物的妨碍，会产生死角。另外，在倒退行驶时，在身体扭向右后方驾驶的情况下，左后方总是不容易看到，由此产生死角。

叉车正装载着货物在通道上前进行驶，作业者步行从通道上出来，被叉车撞伤。

叉车想搬运堆着的货物，作业人员正在货物后面蹲着商量工作，叉车叉运货物时，货物将工作人员撞伤。

3. 安全点检要点

（1）叉车驾驶是否实施指名制度？

（2）叉运的货物挡住视线，是否倒退行驶？

（3）叉车通过交叉路口时是否停车，做到"一慢二看三通过"？

（4）叉车驾驶员作业前是否对作业现场的情况进行确认？

（5）步行者通过交叉路口时是否实施安全确认？

（6）是否注意到叉车背后的作业人员？

现场作业的步行者在工作场地内被撞

在正式作业开始之前，被安排进行临时作业的驾驶员用货叉叉起14个托盘（高1.95

米）。由于这个时间平时没人，就直接驾车向前行驶。快速行驶的叉车不幸撞到偶然到仓库清点物品的管库员，造成该管库员失血过多死亡。

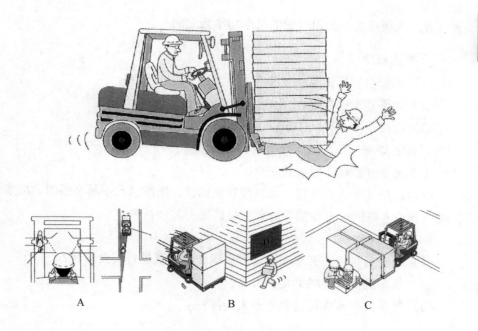

A   B   C

步行人员在工作场地内被撞

事故防范对策

（1）装载货物导致不能确认前方视野时，应倒退行驶。
（2）叉车驾驶员不得不在视野被挡住的情况下向前行驶时，应安排引导员引导叉车。
（3）即使是临时作业，也应制订作业计划，并将作业内容详细通知相关人员。

五、人员被夹在倒退行驶的叉车与平板之间

1. 事故原因

（1）未安装后视镜及倒车蜂鸣器。

（2）报警器发生故障。

（3）驾驶员安全确认不足。

2. 特别提醒

叉车起步时要确认周围的安全。

特别是在叉车装载货物，视线被货物挡住，周围状况不易掌握时，应事先确认作业人员的位置和货物放置的位置后再起步行驶。

3. 安全点检要点

（1）驾驶员是否在叉车起动前对周围作业环境进行安全确认？

（2）叉车的倒车蜂鸣器是否可靠？

（3）叉车的作业现场是否有专人指挥？

现场作业人员被夹在倒退行驶的叉车与平板之间

驾驶员在倒退行驶时，发现了接近车辆的受害人，注意了2~3次，一边慢行一边倒退行驶后，被害人看不到了。驾驶员以为受害人已经通过了，便直接倒退行驶，但受害人正在蹲着数板子的数量，结果头部被夹在车辆后部和板子之间致死。

事故防范对策

（1）安装后视镜及倒车蜂鸣器。

（2）坚持开始作业前检查、维护不良部位。

（3）驾驶员充分确认行驶方向的安全。

（4）步行的作业者迅速避让。

六、驾驶前移式叉车倒退行驶　脚被夹在叉车和货架中间

1. 事故原因

以不良的驾驶姿势（单脚伸到脚踏板外边）驾驶前移式叉车。

2. 安全点检要点

（1）前移式叉车驾驶员是否实施指名制度？

（2）前移式叉车驾驶员的驾驶姿势（尤其是双脚）是否正确？

（3）前移式叉车的行驶路线是否正确？

驾驶前移式叉车在倒退行驶时脚被夹在叉车和货架中间造成受伤

受害人装载着货物倒退行驶时，只顾注意装载的货物，结果撞到后方的货架上，由于一只脚伸到脚踏板外边，因此脚被夹在货架和前移式叉车中间受伤。

事故防范对策

（1）驾驶前移式叉车驾驶员要把双脚放在脚踏板上，保持正确的驾驶姿势。

（2）前移式叉车驾驶员务必充分注意行驶方向。

七、使用保养不良的叉车　货物落下伤人

1. 事故原因

（1）受害人进入叉车货叉的装载货物下面。

（2）叉车提升缸和控制阀间的压力胶管老化，不堪承受压力而破损。

2. 特别提醒

不要进到货叉下面。

不管叉车是否装载货物，都不要进到货叉下面，需要进到货叉下面时，务必固定货叉，防止货叉落下。

3. 安全点检要点

（1）是否有在叉车货叉下面作业？

（2）对叉车的液压装置及油管是否实施例行检查、月检、年检？

（3）不得已在叉车货叉下面作业时，是否采取了固定货叉的措施？

- -

使用保养不良的叉车时，装载货物落下伤人

受害人为了查看3层堆积木材的第2层，让人用叉车把最上面的木材叉起，然后进入下面进行挑选作业。当叉车驾驶员想把货叉进一步升高时，由于压力橡胶管破损，造成叉车货叉随木材一起落下，受害人被压在木材下致死。

事故防范对策

（1）切勿在装载的货物下面作业。

（2）务必在作业开始前对液压装置及油管进行检查并且进行年检、月检。

（3）不得不进到叉车货叉下面作业时，要有固定货叉的措施，并有专人监护。

八、叉车驾驶员被夹在门架和顶部护板之间

1. 事故原因

为扶正装载货物而在门架间作业。

2. 特别提醒

不要将手脚伸到门架中间。

即使要稍微扶正装载的货物，也不可从门架中间进行作业。否则身体的某些部位会接触到装卸操纵杆，有被门架夹住的危险。要扶正货物，务必降下货叉，充分拉起停车制动器，下车后进行。并且不要忘记关掉钥匙开关。

3. 安全点检要点

（1）叉车装载的货物是否牢靠？

（2）叉车运行的路线是否有凹凸不平的路面？

（3）驾驶叉车是否有急刹车、急起步的现象？

（4）驾驶叉车是否有一边驾驶叉车一边用手、脚扶正货物的现象？

案例
- -

叉车驾驶员被夹在门架和顶部护板之间挤伤致死

受害人当时正在进行用叉车搬运空箱（牛奶瓶）的作业。当其从驾驶座椅探身去扶要倒塌的空箱时，脚挂到倾斜操纵杆上，头被夹在门架和顶部护板之间。由于抢救不及时，该叉车驾驶员被挤伤致死。

事故防范对策

叉车驾驶员扶正装载的货物时，务必降下货叉，切实拉下停车制动器，从驾驶座椅上下车后进行，并且不要忘记停止发动机。

九、共同作业时叉车撞上发出口令的人

1. 事故原因

（1）口令与共同作业的动作不吻合而引起碰撞。

（2）发出口令的位置不好而引起碰撞。

2. 安全点检要点

（1）共同装卸货物时各自的任务是否明确？

（2）共同作业的双方是否对指挥者的信号、手势都明确？

（3）作业者与指挥者的位置是否明确、看得见？

（4）是否确认作业周边环境？

共同作业时叉车撞上发出口令的人

叉车司机与搬运工实施叉运设备备件作业时，搬运工指挥包装箱落位，并用红砖垫在包装箱下面，搬运工指挥叉车退车。因设备备件的包装箱较重，红砖被压碎，搬运工再度要求叉车司机就位，叉车司机未听到，结果搬运工的手被压伤。

事故防范对策

（1）共同装卸货物时，叉车驾驶员与指挥者各自任务明确，叉车驾驶员要听从指挥者指挥。

（2）指挥信号与手势要明确，双方要共同确认。

（3）指挥者站立的位置驾驶员要看得见。

（4）要确认一下周边环境，有无他人作业。

十、货车物品掉落伤人

1. 事故原因

（1）货物没有捆牢导致倾覆。

（2）驾驶员粗暴驾驶。

2. 安全点检要点

（1）运输车辆装载货物时，货物是否超出了规定的高度？

（2）货物装载在车上，是否已固定、捆牢？

（3）运输过程中，拐弯时是否减速行驶？

（4）司机是否为指名的作业人员？

超载发生侧翻　车上巨石砸伤 12 名路人

孟某开了 18 年重型挂车，2012 年 3 月 18 日不小心发生侧翻，车上巨石砸伤了 12 名路人。4 月 29 日，检察院以涉嫌交通肇事罪批准逮捕孟某。

事发当天，因前有货车停下，孟某忙往旁边的慢车道打方向盘。随后为避免撞到三轮摩托车及路人，孟某又迅速往快车道打方向。左摇右晃下，车上一块巨石滑出车厢，整辆货车也急速侧翻。巨石正好砸中路边三轮车及路人，伤情最重的是颅脑损伤。

4 月 18 日，公安局交警大队做出事故认定——孟某因超载，且未安全谨慎驾驶，需承担事故全部责任。

事故防范对策
（1）装载货物时，一定要按照规定的要求装载，不能超出规定高度。 （2）一定要把货物固定、捆牢。 （3）车辆遇到坑、洼、拐弯时一定要减速行驶。 （4）驾驶员一定为指名人员并文明驾驶。

伍

机械伤害案例分析

一、机械伤害简介

1. 机械伤害概念

机械伤害是指机械设备与工具引起的绞、碾、碰、割、戳、切等伤害，如工件或刀具飞出伤人、切屑伤人，手或身体被卷入，手或其他部位被刀具碰伤、被转动的机构缠压等，但属于车辆、起重设备的情况除外。

2. 机械伤害事故的原因

1）人的不安全行为

（1）操作失误。

（2）误入危险区域。

2）物的不安全状态

机械的不安全状态，如机器的安全防护设施不完善，通风、防毒、防尘、照明、防震、防噪声以及气象条件等安全卫生条件缺乏均能诱发事故或虚惊事件。

3. 机械伤害的预防措施

（1）存在绞碾等可能的作业，严禁戴手套、围巾操作。

（2）接近传、转动输送设备者，严禁采用系带拴挂胸卡。

（3）正确穿戴劳动防护用品，佩戴防护眼镜、工作帽（检修现场戴安全帽）。

（4）清理、检修传动、转动、输送设备必须停车，落实断电措施，并挂"有人作业、禁止启动"牌。

（5）开启机械设备前，应进行认真详细的检查，发出启动提示信号，确认安全后，方可启动。

（6）不得将工件、器具、物件放置在转动设备上。

（7）收紧衣裤领、袖、下摆，严禁敞开上衣进行作业。

（8）机械设备运转过程中，勿将手、脚和身体的任何部位伸入正在运行的设备中进行作业或戴手套触摸转动部件。

（9）吊装物件时应捆扎牢固，防止坠落。

（10）加强安全管理和检查，及时消除事故隐患，爆炸安全防护装置齐全、正常、有效。

4. 常见的机械伤害事故

（1）机械设备零部件做直线运动造成的伤害。

（2）机械设备零部件做旋转运动造成的伤害。

（3）刀具造成的伤害。

（4）加工零件固定不牢甩出伤人。

（5）长工件旋转造成击伤。

（6）共同作业人员口令或操作错误导致伤害。

（7）余压造成夹伤。

（8）安全装置不完备导致伤手。

二、机械设备零部件做直线运动造成的伤害

锻锤、冲床、钣金设备等的施压部件，牛头刨床的床头，龙门刨床的床面及桥式吊车大、小车和升降机构等，都是做直线运动的。做直线运动的零部件造成的伤害事故主要有压伤、砸伤、挤伤。

1. 事故原因

（1）员工未培训先上岗操作。

（2）员工身体疲劳、神情恍惚、反应迟缓等，导致注意力不集中。

（3）大型冲床上设有电动寸动机构，调整滑块时，需要人工盘动飞轮，而操作者往往违反安全规定，采用点动电机的方式使滑块下滑。由于双飞轮传动系统的惯性较大，身体进入滑块下的危险区，从而导致伤人事故。

（4）设备未安装安全保护装置或安全保护装置失效。

2. 安全点检要点

（1）锻锤、冲床、钣金等操作人员是否先培训再上岗？

（2）做直线运动的设备（冲床、锻压等）是否使用双手按钮？

（3）设备是否装有安全保护装置（光栅、互锁）？

（4）是否坚持在任何情况下都不用手直接进入模口内送取材料和零件？

每年被冲残手的人数为40万至60万人

2003年2月19日中央人民广播电台报道：2003年1月7日对于只有23岁的永康华龙厂工人宴某来说，是个刻骨铭心的日子，难以忍受的剧痛使他几度昏厥，他已经记不清楚自己是怎样被送进医院急救的。记者在医院见到宴某时，他的毛衣和裤子上满是黑红色的血迹。令人不忍心目睹的是他那只用绷带挂在胸前的、完全被机器轧碎的右手。宴某的女友对记者说：人们把他抬出来时，他已经昏过去了……采访中，清醒过来的宴某哭着说，快过春节了，他不知道该怎样把这个消息告诉自己的父母与家人。

每年全国有多少人因冲床致残，无人进行统计。20世纪80年代曾有每年数万人的说

法，那时绝大多数企业是国有企业，一般都有较严格的培训、管理制度。现在，冲压产品的生产绝大多数都转移到了乡镇和私营企业，用的多数是未经任何训练的民工。按照各媒体所报道的比率估算，全国近一百万台冲床，其中90%左右是肯定会伤人的中小型冲床，则每年被冲残手的人数起码为40万至60万人！

机械设备零部件做直线运动造成的伤害

事故防范对策

（1）锻锤、冲床、剪板等操作人员要先培训再上岗。
（2）做直线运动的设备(冲床、锻压等)必须使用双手按钮。
（3）安装保护装置（光栅、互锁）并在作业前确认安全可靠。
（4）坚持在任何情况下都不用手直接进入模口内送取材料和零件。

伍

机械伤害案例分析

三、机械设备零部件做旋转运动造成的伤害

机械设备中的齿轮、支带轮、滑轮、卡盘、轴、光杠、丝杠、联轴节等零部件都是做旋转运动的。旋转运动造成人员伤害的主要形式是绞绕和物体打击伤。

1. 事故原因

（1）粗线手套、衣服被卷入。

（2）由于不该伸手的时候将手伸到转动的部位而引起夹伤。

2. 安全点检要点

（1）设备是否有禁止戴手套的标志？

（2）是否按规定穿戴劳保用品（防护镜、防护面罩等）？

（3）设备上的配件安装是否牢固，有无松动？

（4）是否严格按照作业要领操作顺序进行操作？

（5）是否有用手去拿旋转部位的工件或异物的现象？

戴手套操作旋转的设备　手指被绞断

2002年4月23日，陕西一煤机厂职工小吴正在摇臂钻床上进行钻孔作业。测量零件时，小吴没有关停钻床，只是把摇臂推到一边，就用戴手套的手去搬动工件。这时，飞速旋转的钻头猛地绞住了小吴的手套，强大的力量拽着小吴的手臂往钻头上缠绕。小吴一边喊叫，一边拼命挣扎，等其他工友听到喊声关掉钻床，小吴的手套、工作服已被撕烂，右手小拇指也被绞断。

机械设备零部件做旋转运动造成的伤害

事故防范对策

（1）不要用手去拿切削物或异物。
（2）不要戴手套去操作。
（3）衣服的衣袖、下摆要系好扣子。
（4）在旋转部位附近作业要佩戴眼镜或防护面罩。

四、刀具造成的伤害

有些机械设备，为了对零件进行加工，需要安装刀具。例如车床上的车刀、铣床上的铣刀、钻床上的钻头、磨床上的砂轮、锯床上的锯条等，都是加工零件用的刀具。刀具在加工零件时，也要做某种形式的运动，其中最广泛、最多的运动形式，基本上可分为旋转运动和直线运动。

1. 事故原因

（1）油石、刀具、砂轮安装失误。

（2）防护罩子不完备而引起飞溅。

2. 安全点检要点

（1）刀具、砂轮等安装是否由专业指名人员进行？

（2）砂轮机是否装在正对着附近设备及操作人员或经常有人过往的地方？

（3）作业前是否检查砂轮裂纹（应无裂纹）和大小（当砂轮磨损到直径比卡盘直径大 10 毫米时应更换）？

（4）作业前检查设备的防护装置是否完好？

（5）设备上的各种配件是否牢固（螺丝、螺母等）？油石、刀具是否有破损？

（6）作业前个人安全防护用品是否穿戴整齐、完好？

案例

砂轮爆裂造成的伤害事故

砂轮是由磨料与组合剂混合，经过高温、高压制造而成，由磨料、组合剂和气孔三要素组成的非均质结构体。其中，锋利磨料颗粒作为刀具起切削作用，组合剂粘结磨粒使磨具成形，气孔用来容屑、散热，均匀产生自励效果。

砂轮机装置由砂轮、主轴、卡盘和防护罩共同组成。砂轮机的两侧面用砂轮卡盘夹持，安装在与传动系统相连的砂轮机主轴上，外面用防护罩罩住。磨削机械安全防护的重点是砂轮，砂轮机的安全不仅由自身的特性和速度决定，而且与砂轮机装置的各组成部分的安全技术措施有直接关系。

2012年3月14日，四川省某冲压厂在生产过程中，一名工人在使用手持气动砂轮机时，砂轮突然发生爆裂，造成左眼伤害事故。

3月14日9时20分许，四川省某冲压厂在生产过程中，该厂工模科钳工组模具修理钳工王某，准备用手持角式气动砂轮机修理模具时，发现砂轮磨损严重，王某叫徒弟去支领新砂轮。徒弟领来新砂轮后，王某发现尺寸有问题，但觉得问题不大就开始作业。不料想，砂轮突然发生爆裂。碎片将王某佩戴的防护镜打碎，伤及左眼。事故发生后，现场人员急忙将王某送往医院抢救，经抢救脱险。

刀具造成的伤害

事故防范对策

（1）刃具、砂轮等安装应由专业指名人员进行。
（2）作业前要点检设备的防护装置。
（3）作业时个人一定要穿戴好防护用品。

五、加工零件固定不牢甩出伤人

1. 事故原因

(1) 工件夹具安装失误。

(2) 零件未卡紧，加工过程中飞出（弹出）。

2. 安全点检要点

(1) 工件夹具的卡盘或装置是否牢固？螺丝有无松动？

(2) 工件自动装卸装置是否不良？

(3) 作业区是否有防飞落装置？

(4) 作业人员是否佩戴防护镜或防护屏？

 案例

- -

加工零件装卡不牢　加工中突然甩出

2012年5月6日，某汽车厂车工小王，进行工件切削加工操作。他将工件夹在车床的卡盘上，随手锁紧卡盘，但是并没有按照通常要求的那样工件与卡盘之间完全垂直定位后再锁紧。小王未进行卡盘卡紧确认，就启动了车床。机床启动后，卡盘飞快旋转起来，当机床的刀具开始切削工件时，工件被突然甩出来，直奔小王的面部。小王躲闪不及，眼镜被砸碎，一只眼睛重伤失明。

事故防范对策

(1) 作业前确认工件是否牢固可靠。

(2) 作业前确认卡具或卡盘是否牢固可靠。

(3) 确认车床的防护装置是否完好可靠。

(4) 穿戴好个人防护用品。

六、长工件旋转造成击伤

1. 事故原因

（1）加工较长工件时，长工件抖动起来。

（2）加工较长工件时没有安全防护措施。

2. 安全点检要点

（1）工件的固定装置是否牢固？

（2）工件探出部有无防护罩？

（3）长工件振动时有无减振措施？

（4）是否佩戴了防护镜或防护屏？

由于长工件旋转被甩弯造成击伤

2010 年 5 月 19 日，江苏省一个体机械加工厂，车工郑某在加工一件长度为 1.85 米的六角钢棒时，因为该棒伸出车床长度较大，在高速旋转下，该钢棒被甩弯，打在了正在作业的郑某的头上。等车间其他作业人员发现并停车后，郑某的头部已被连击数次，头骨碎裂，当场死亡。

事故防范对策

（1）工件探出很多时，要使用罩子来防护，要在有防护的状态下进行加工。

（2）工件要固定好。

（3）个人要戴好防护镜或防护屏。

（4）不得已进行加工时，操作者要站安全距离以外，找专人进行监护。

伍
机械伤害案例分析

七、共同作业人员口令或操作错误导致伤害

1. 事故原因

1）不关闭机器

常见不关闭机器的原因有以下几种。

（1）害怕降低产量。

（2）害怕多花时间。

（3）公司没有相关规定。

（4）工人不知道机器处于"开"的状态。

（5）工人不知道如何关闭机器。

（6）认为没有必要那么做。

（7）电源切断，任务没法完成。

2）机器突然启动

机器突然启动的原因有以下几种。

（1）开关被其他同事打开。

（2）夹紧故障被排除了。

（3）设备继续完成循环（如冲程完成）。

（4）机器已关，部件继续运动。

2. 安全点检要点

（1）作业前是否指定了作业指挥者？

（2）操作者是否为指名人员？

（3）作业指挥者是否按规定的口令方式，将意思清楚地传递给了操作者？

（4）作业时作业指挥者、操作者是否按规定的口令操作？

（5）作业前是否确认了周围状况？

（6）进入设备内部时是否全部实施了上锁挂牌？

（7）启动调试设备时，指挥者是否确认全部人员已撤离？

设备在维护中操作者误启动造成人员伤害

　　根据美国 OSHA 的数据显示，每年大约 25 万例伤亡事故跟 LoTo（上锁挂牌）相关，导致 30000 例严重伤害，100～150 例致命伤害。

　　2011 年 6 月 6 日，河北石家庄某建筑公司工地混凝土拌料机主轴承损坏需停机修理。上午 8 时，修理工李某进入搅拌机准备拆除该机内的拌料臂和机筒。正在这时，拌料机操作工蒋某不知道拌料机正在修理，启动电机准备拌料。突然听到拌料机筒内有人"啊"的一声惨叫，他马上按停止按钮，将拌料机停下来。这时，蒋某往机筒内一看，修理工李某已被碾得血肉模糊。蒋某急忙给现场负责人打电话，现场的负责人上操作台将搅拌机的总闸拉下，准备将李某从机筒内抱出来，但李某的衣服被筒内的拌料臂紧紧扣住，无法拉出来，就叫人拿来剪刀将李某的衣服剪了后才抱出来，而此时李某已经停止了呼吸。

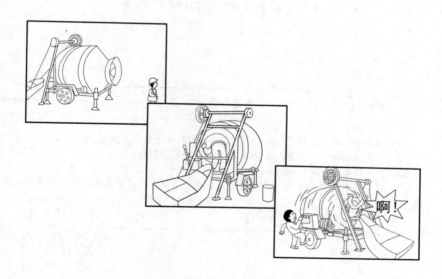

共同作业人员口令或操作错误导致伤害

伍

机械伤害案例分析

电柜开关

设备开关

水源阀门

插头锁

气源阀门

插头锁

上锁挂牌（LOCKOUT/TAGOUT）示例

事故防范对策

（1）必须有指定的指挥者，操作者一定要按照指挥者的要求操作。

（2）共同作业时，所有有人进入的设备必须实施上锁挂牌。

（3）启动设备时一定要确认全部人员已经撤离。

（4）等共同作业的人员离开危险部位之后再发出口令。过早发出口令是许多事故的原因。

八、余压造成夹伤

1. 事故原因

（1）由于余压的作用工件弹出。

（2）忘记解除余压而引起夹伤。

（3）因为解除余压的作业不容易操作，于是偷懒了。

2. 安全点检要点

（1）作业要领或安全要害处的规定是否目视化提醒了（"小心余压"的标签是否贴在操作盘、设备、汽缸等处了）？

（2）设备停止后，余压是否释放？

（3）释放余压是否使用安全锁或警示牌？

（4）知道要释放余压，是否有嫌麻烦没有去做的现象？

余压释放不彻底　手指突然被卡住

2005 年 8 月 9 日，在某盐业公司制盐工段夜班时间，由于一台离心机液压装置有异响，维修工段班长谢某、维修工王某等人前去检修。维修工李某把离心机液压装置泄压后压力指针指示为 0，班长问王某："液压装置泄压确认了吗？"王某回答："已确认了。"于是，谢某把手伸进了离心机壳内，准备拆除液压泵。操作过程中谢某的中指突然被夹住，王某用工具把离心机外壳拆下，手指才得以抽出。谢某随后被送往医院治疗。经诊断，被夹手指已经粉碎性骨折。

余压造成夹伤

事故防范对策

（1）设备停止后一定要确认余压是否释放干净。
（2）释放余压后，为防止他人误操作，一定要使用安全锁或警示牌。
（3）解除余压的方法要简单可靠。
（4）指名人员，且能正确解除余压。

九、安全装置不完备导致伤手

据日本有关部门统计，在机械伤害事故中，因防护缺陷而造成的各类伤害占机械伤害的71.56%。

1. 事故原因

（1）精神不集中时进入了危险部位。

（2）安全装置发生了故障，设备突然运转起来。

（3）由于安全装置安装不合格，引发了设备运行。

（4）由于卸下了安全装置，导致其失效。

2. 安全点检要点

（1）是否有安全装置（急停按钮、光栅、门电连锁）？

（2）安全装置是否有效？

（3）作业前是否确认安全装置性能？

（4）作业要领中是否有紧急情况出现时的处置规定？

这是手指不是木头

河南省的东部、山东省的西南部是一片辽阔的平原，这里统一的名字叫作"黄淮平原"，这里是全国有名的泡桐等树种的生产基地和林木资源的集散地。近几年来，当地的群众在卖完树干之后，又把昔日当成柴火烧的树根、树梢和树干的下脚料加工成小木板条，销往全国各地。由于加工设备简陋，农民又缺乏自我保护意识，因而在操作过程中稍有不慎就会发生诸多惨剧，轻者断肢致残，重者危及生命。目前，仅商丘、开封两地就有小毛板条加工作坊1200多家，六七万农民从事毛板条加工业。据调查，每年盘锯伤人致残、致死的事故时有发生，给许多家庭带来了极大的不幸。

安全装置不完备导致伤手

事故防范对策

（1）作业前要确认安全装置（光栅、急停按钮、门电连锁）的功能有效。
（2）安全装置损坏，应停止作业，立即报告上级。
（3）不要在安全装置损坏的情况下作业。

十、机械或作业装置的危险部位小结

1 旋转轴、联结器、心轴、芯棒、焊条及飞轮

2 一对旋转部件之间的转入夹口

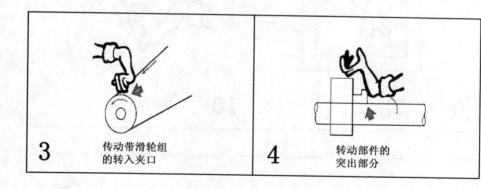

3 传动带滑轮组的转入夹口

4 转动部件的突出部分

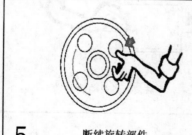

5 断续旋转部件

6 旋转打臂、有针滚筒及滚筒

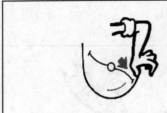

7　设有孔口的罩壳内的
　　旋转混合器搅臂

8　设有孔口的罩壳内的
　　旋转螺杆及螺旋

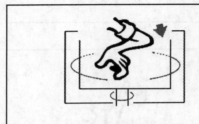

9　设有孔口的罩壳内的
　　旋转高速转筒

10　旋转切削工具

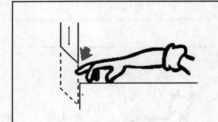

11　往复切削工具

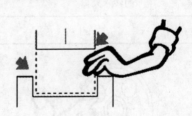

12　往复压具及动模

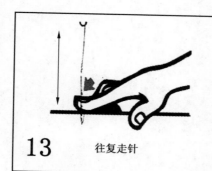

13 往复走针

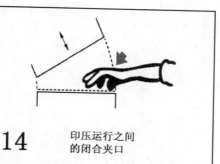

14 印压运行之间的闭合夹口

15 突出的传动带紧固件及快速运转传动带

16 连接杆或连接环节之间及回转轮曲柄或转盘之间的夹口

17 自动机器的移动支架所造成的陷阱

起重伤害案例分析

一、起重伤害简介

1. 起重伤害概念

起重伤害事故是指在进行各种起重作业（包括吊运、安装、检修、试验）中发生的重物（包括吊具、吊重或吊臂）坠落、夹挤、物体打击、起重机倾翻、触电等事故。

2. 起重伤害的特点

起重伤害事故可造成重大的人员伤亡或财产损失。根据不完全统计，在事故多发的特殊工种作业中，起重作业事故的起数高，事故后果严重，重伤、死亡人数比例大，已引起有关方面的高度重视。

从安全角度看，与一人一机在较小范围内的固定作业方式不同，起重机的功能是将重物提升进行装卸吊运。为满足作业需要，起重机械需要有特殊的结构形式，使起重机和起重作业方式本身就存在着诸多危险因素。概括起来起重作业有如下特点：

（1）吊物具有很高的势能。

被搬运的物料个大体重（一般物料均上吨重）、种类繁多、形态各异（包括成件、散料、液体、固液混合等物料），起重搬运过程是重物在高空中的悬吊运动。

（2）起重作业是多种运动的组合。

四大机构（起吊高度、变幅、旋转、提升）组成的多维运动，体形高大金属结构的整体移动，速度多变的可动零部件，形成起重机械的危险点多且分散的特点，给安全防护增加难度。

（3）作业范围大。

金属结构横跨车间或作业场地，高于其他设备、设施和施工人群，起重机带载可以部分或整体在较大范围内移动运行，使危险的影响范围加大。

（4）多人配合的群体作业。

起重作业的程序是地面司索工捆绑吊物、挂钩，起重司机操纵起重机将物料吊起，按地面指挥，通过空间运行，将吊物放到指定位置摘钩、卸料。

每一次吊运循环，都必须是多人合作完成，无论哪个环节出问题，都可能发生意外。

（5）作业条件复杂多变。

在车间内，地面设备多，人员集中；在室外，受气候、气象条件和场地限制的影响，特别是流动式起重机还受地形和周围环境等多因素的影响。

总之，重物的吊运、起重机的多机构组合运动、庞大金属结构整机移动，以及大范围、多环节的群体运作，使起重作业的安全问题尤其突出。

3. 常见的起重伤害事故

（1）吊索吊具缺陷造成伤害。

（2）错用吊索吊具造成伤害。

（3）由于行车故障造成起重伤害。

（4）在行车和建筑物之间发生夹伤。

（5）钢丝绳受力砀断后伤人。

（6）在吊运的货物与吊具之间发生夹伤。

（7）吊运货物下降时被夹伤。

（8）斜拉歪吊造成伤害。

二、吊索吊具缺陷造成伤害

1. 事故原因

（1）由于超过吊载的重量范围而坠落。

（2）由于吊具损坏而坠落。

（3）由于急速吊升而坠落。

2. 安全点检要点

（1）吊物是否超载？

（2）吊索是否有打结、断裂、断股现象？

（3）吊物时是否缓慢上升至规定的高度，有无快速上升的现象？

（4）是否存在边上升边行走的现象？

（5）是否按规定的吊运路线行走？

用普通吊链当吊具造成伤害

2007 年 7 月 11 日 13 时 05 分左右，上海某大型钢铁股份有限公司特殊冶金厂炉渣分厂丙班炉前工于某指挥行车吊运 48 号保温罩（高度 2.70 米，外径 1 米，内径 0.84 米，重量 1.15 吨）。在保温罩提升离地面约 2 米，大车向北平移时，吊运链条突然断裂，保温罩坠地后向东侧翻，压到正蹲坐在 92 号炉前包扎进出水箱皮管的丙班作业长陶某（男，38 岁）的后背。陶某倒地，后被急送至上海第一医院吴淞分院，经抢救无效，于当日 13 时 35 分死亡。

经调查，4 月 28 日，该特殊冶金厂在对炉渣分厂进行安全检查时发现保温罩上吊装用钢丝绳（吊索）有断股现象，口头要求炉渣分厂立即整改，将钢丝绳换成链条。炉渣分厂厂长高某交代给安全员姜某负责，姜某安排电焊组长沈某完成此项工作。沈某当时在作业现场未找到链条，而后在小库房内发现了镀锌链条，于是向姜某汇报，并推荐本组电焊水平较高的周某来焊接。姜某随即向高某请示是否用该链条焊接后使用，高某默认。周某在现场协力工帮助下，用 502 焊条将包括 48 号保温罩在内的 6 只保温罩更换的镀锌链条拼头焊接，经由高某、姜某、沈某一同在现场查看无异常后，保温罩进入使用流转过程。48号保温罩在使用过程中链条环缝处（非手工焊接环）突然断裂，致使保温罩脱落。

查看"圆环链合格证书"后发现，镀锌圆环链条级别为普通链条材料 Q235、公称直径 8 毫米，长度 24 毫米、宽度 16 毫米、长度 25 米/条。破断试验负荷 400 千克，拉力试验负荷 300 千克，该链条一般用于防护。

吊索吊具缺陷造成伤害

事故防范对策

（1）作业前一定要检查吊索的载荷量与吊物的载荷量是否符合。
（2）吊装中禁止一边提升一边行走。
（3）吊物起升中要缓慢提升，禁止快速上升。
（4）钢丝绳禁止使用的情况：
① 吊索铭牌遗失或无法辨认；
② 钢丝绳磨损，外层的钢丝直径已经减少1/3；
③ 钢丝绳上有扭结、压扁、鸟笼或其他结构性损坏。

三、错用吊索吊具造成伤害

1. 事故原因

（1）由于重量超载，造成吊索吊具损坏，导致货物坠落。

（2）由于错用吊具，造成吊具损坏，导致货物坠落。

2. 安全点检要点

（1）作业前吊索吊具与所吊重物重量是否相符？

（2）作业前吊索吊具是否完好？

（3）行车工、司索指挥工是否持证上岗？

- -

错用吊具　吊具变形断裂员工躲闪不及被砸成重伤

2007年3月12日19点，上海某钢厂成品库员工张某吊装厚钢板准备入库。因为厚钢板用40吨吊具被刚卸下的钢材挡住，张某为抢时间使用20吨的吊具吊运厚钢板。当钢板升至2米高时，吊具变形断裂，导致厚钢板从吊具上脱出掉落。两名现场员工躲闪不及被砸成重伤。

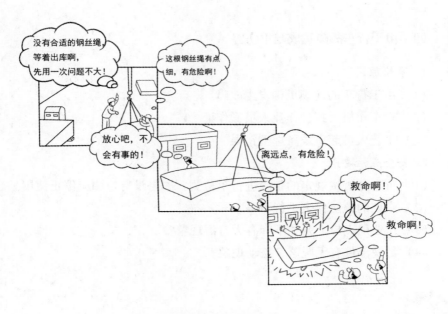

错用吊索吊具造成伤害

事故防范对策

（1）行车工、司索工应具有作业资格（特殊工种证）。
（2）检查吊索、吊具，确保与吊物类型、重量相符。
（3）吊索、吊具应有日常的检查表。监督人员对现场检查进行确认。
（4）作业前对吊索、吊具进行检查确认。

起重伤害案例分析

四、由于行车故障造成起重伤害

1. 事故原因

（1）由于行车的连锁机构发生故障。

（2）行车司机无特种作业人员操作证。

（3）工艺人员起重设备选型错误。

2. 安全点检要点

（1）行车是否按规定的年限进行了检测？如果没有检测应停止使用。

（2）定期的预防保全进行了吗？

（3）作业前点检上升和下降有无打滑现象？

（4）目视部件有无脱落、松动现象？

行车故障　造成钢水包倾覆特别重大事故

2007 年 4 月 18 日，辽宁省铁岭市一家公司发生钢水包倾覆特别重大事故，造成 32 人死亡、6 人重伤，直接经济损失 866.2 万元。

事故的直接原因：炼钢车间吊运钢水包的起重机主钩在下降作业时，控制回路中的一个连锁常闭辅助触点锈蚀断开，致使驱动电动机失电；电气系统设计缺陷，制动器未能自动抱闸，导致钢水包失控下坠；制动器制动力矩严重不足，未能有效阻止钢水包继续失控下坠，钢水包撞击浇注台车后落地倾覆，钢水涌向被错误选定为班前会地点的工具间。

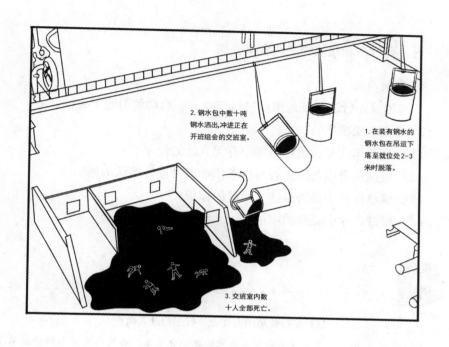

2. 钢水包中数十吨钢水洒出，冲进正在开班组会的交班室。

1. 在装有钢水的钢水包在吊运下落至就位处2~3米时脱落。

3. 交班室内数十人全部死亡。

由于行车故障造成起重伤害

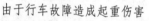

事故防范对策

（1）企业应根据现场工艺要求选用适用的行车。

（2）行车按规定年限进行年检，未经政府有关部门年检，应即刻停止使用。

（3）行车要定期进行预防性保全。

（4）行车司机要持证上岗（特殊工种）。

（5）行车及行车运行路线下面禁止有人作业。

陆 起重伤害案例分析

五、在行车和建筑物之间发生夹伤

1. 事故原因

不知道是在行车行驶范围内进行作业，一启动就引起了夹伤。

2. 安全点检要点

（1）行车作业时，运行路线中有无其他的作业？

（2）维修保全作业前是否与行车作业人员进行确认沟通？

（3）维修作业中是否悬挂了明显的标识？

（4）维修作业中是否确定了监护人？

在行车行驶范围内作业 行车启动人命亡

　　2010 年 5 月 30 日，某厂沈某和潘某共同修理一台天车，潘某在桥架上调整制动器，沈某在司机室监护，此时同跨的另一台天车开来，沈某想按铃发出信号警告对方，便推合保护柜刀开关，但该车因无零位保护而大车控制器手柄又在工作位置，刀闸推合后天车即启动运行，把潘某夹挤在工棚构架横梁与天车栏杆之间，沈某见状慌忙把手轮反向扳转，致使潘某从七米高处跌落地面，抢救无效而死亡。

事故防范对策

　　（1）行车作业前一定要确认运行路线上有无其他的作业。

　　（2）行车运行范围内进行维修保全作业时一定要与行车作业人员进行沟通、联络。

　　（3）确认作业点的安全性，确定不会被过来的行车碰到。

　　（4）在行车运行范围内进行维修作业时一定要安设好夹轨器，有专门的监护人员监护并悬挂明显的标识。

六、钢丝绳受力硌断后伤人

1. 事故原因

钢丝绳与吊物棱角或坚硬物接触，受力后被硌断。

2. 安全点检要点

（1）作业前是否对钢丝绳进行检查确认？

（2）起吊作业中是否有钢丝绳不得与硬物（棱角）接触的相关规定？

（3）是否有钢丝绳及吊具点检的相关规定？

钢丝绳拴在棱角物体上　受力硌断后伤人

2009年1月19日10时，某市重型机床厂组装车间刘某吊运一台10吨重的平台时，把挂滑轮的钢丝绳围挂在一个平台的棱角上。钢丝绳受力后，被平台棱角处硌断，钢丝绳猛力蹦起，抽在现场指挥者刘某的右脚上，使其摔倒，头部受重伤，于次日死亡。

事故防范对策

（1）司索工作业前必须对钢丝绳进行检查确认。

（2）司索工作业时要确保钢丝绳不与硬物（棱角）接触。

（3）尽可能使用专用吊具吊运硬物或有棱角的物体。

陆　起重伤害案例分析

七、在吊运的货物和吊具之间发生夹伤

1. 事故原因

（1）手伸到吊索上，吊索绷紧，引起夹伤。

（2）对开关的误操作引起夹伤。

2. 安全点检要点

（1）起吊吊物时，手是否扶在吊索上？

（2）是否一手扶吊物，一手按动开关？

（3）是否把吊物调整好再起吊吊物？

 案例

误按开关　右手被钢丝绳夹伤

一日，某钢铁公司电炉厂铸钢工孙某（男，34岁，初中文化）在主厂房副跨指挥9号行车给钢锭脱模。由于孙某抓钢丝绳小钩部位不妥，想调整货物上的吊索，但另一只手不留心按了开关，当小钩起升时，孙某右手被钩头连接环与钢丝绳连接处夹住受伤，送医后拇指被截掉一节。

事故防范对策

（1）起吊吊物时，先把吊物调整好，再进行吊运（如果不调整好，易发生晃动造成被夹）。

（2）手扶吊物时，不要用手去牵拉吊索，应用手扶吊物的上面，或选择不会被夹住、碰到的部位。

（3）不要一手扶吊物，一手去按动开关（易造成误操作）。

八、吊运货物下降时被夹伤

1. 事故原因

（1）货物抖动时迅速地伸出手来扶。

（2）手扶吊物的位置不好。

（3）吊运货物时人站在货物上或货物下。

2. 安全点检要点

（1）吊起的吊物下落时，脚放的位置是否确认？

（2）为防止晃动，手扶吊物的位置是否确认？

（3）下落放置的位置是否确认？作业者站的位置身后有其他物品吗？是否由于吊物晃动而容易被吊物与身后的物品夹住？

（4）有无快速放下现象？

放吊物时采用行车悠的方法被挤在两钢槽之间

2012年6月13日17时20分，某钢铁公司炼钢厂浇钢工柳某（男，32岁，初中文化）在指挥行车吊溢流钢槽过程中，用双手推拥钢槽，在往指定地点放时，采用行车悠的方法。作业时，柳某用双手拥钢槽，背对天车指挥，遮挡天车司机的视线，致使相互配合不协调，上身失去平衡，右手被槽沿带下，挤在两钢槽之间，造成右手食、中、无名指近节以远外伤性截指。

事故防范对策

（1）不要快速放下吊物，应缓慢放下。

（2）放下吊物时为防止晃动，手扶吊物的位置要确认好，不要手扶吊物的边角和下部。

（3）放下吊物时脚的位置应离开吊物落地点至少0.5米。

（4）吊物落下时禁止站在吊物下或吊物上指挥。

（5）禁止将吊物吊起来，人在下面进行检查、清理吊物等作业。

九、斜拉歪吊造成伤害

1. 事故原因

（1）货物抖动时迅速地伸出手来扶。

（2）手扶吊物的位置不好。

（3）斜拉歪吊造成钢丝绳或货物失稳。

2. 安全点检要点

（1）是否有禁止斜拉歪吊的规定？

（2）行车是否实施定期年检？

（3）作业之前是否确认手和脚的位置？

（4）行车作业是否有专人指挥？

案例

斜拉歪吊造成伤害

一日，江苏某重工公司原结构车间一员工李某操作5吨行车吊运变位机，因变位机放置区已超出行车的吊运范围，不能直接吊运。李某在未移动变位机的情况下，就斜拉吊钩挂住变位机并强行吊运。过程中，行车钢丝绳挤压到滑触线，导致滑触线外壳被压变形，滑触线电源线烧坏，李某险些触电。

事故防范对策

（1）按操作规程进行操作是指挥人员和行车司机的职责，指挥人员和行车司机要严格遵守"十不吊"的规定，歪拉斜挂不吊。

（2）行车起重作业时，必须配有一名有经验、持有操作证的起重指挥人员指挥，不能让无证人员进行指挥。起重指挥必须工作认真、责任心强、严格执行安全操作规程。

（3）行车司机对行车必须认真做好例保，即做好清洁、补充、润滑、紧固、调整工作，关键部位使用前应严格检查，发现问题及时处理。

触电案例分析

一、触电简介

随着生产的发展和社会的发达，电能的应用越来越广泛，触电伤害事故也因而不断增加。我国目前年触电死亡约 8000 人，占全部事故死亡人数的 5% 左右。世界上每年电气事故伤亡人数不下几十万人。

1. 触电概念

当人体触及带电体，或带电体与人体之间由于距离近、电压高产生闪击放电，或电弧烧伤人体表面时对人体所造成的伤害都叫触电。触电分为电击、电伤两种。所谓电击是电流通过人体内部造成的伤害；所谓电伤是由于电流的热效应、机械效应、化学效应对人体造成的伤害，如电弧烧伤、电烙印、皮肤金属化。最危险的触电是电击，绝大多数触电死亡事故是电击造成的。

2. 触电的类型

（1）单相触电。当人体直接接触带电设备或带电导线其中一相时，电流通过人体流入大地，这种触电称为单相触电。有时对于高压带电体，人体虽未直接接触，但由于高电压超过了安全距离，高电压对人体放电，造成单相接地而引起的触电，也属于单相触电。

（2）双相触电。人体同时接触带电设备或带电导线其中两相时，或在高压系统中，人体同时接近不同的两相带电导体，而发生放电电流通过人体从某一相流向另一相时，此种触电称为双相触电。这类事故多发生在带电检修或安装电气设备时。

（3）跨步电压触电。当电气设备发生接地短路故障时或电力线路断落接地时，电流经大地流走，这时接地中心附近地面存在不同的电位。此时人若在接地短路点周围行走，人两脚间（按正常人 0.8 米跨距考虑）的电位差叫跨步电压。由于跨步电压引起的触电，叫跨步电压触电。人与接地短路点越近，跨步电压触电越严重。特别是大牲畜，由于前后脚间跨步距离很大，故跨步电压触电更严重。

（4）间接触电。由于事故使正常情况下不带电的电气设备金属外壳带电，致使人们触电叫间接触电。另外，由于导线漏电触碰金属物（管道、金属容器），使金属物带电而使人触电，也称间接触电。

3. 常见的触电事故

（1）电焊机等电气设备绝缘不良引起触电。

（2）由于电击从高处坠落。

（3）接近高压电气设备时发生触电。

（4）工具触碰到火线引起触电。

（5）电源线绝缘破坏引起触电。

（6）跨步电压引起触电。

（7）电弧灼伤。

触电事故危害大

二、电焊机等电气设备绝缘不良引起触电

1. 事故原因

（1）防止电击的装置出现问题，漏电保护器失灵或未安装漏电保护器。

（2）接地不良。

（3）设备、电缆等绝缘受到损伤。

（4）工作地点潮湿，活动空间受限。

2. 安全点检要点

（1）电焊机是否无破损、裸露？

（2）电源线是否符合标准且无破损？

（3）接地保护接线是否牢固？焊条、焊钳是否符合要求？

（4）作业人员是否穿戴了安全防护用品？

（5）作业现场是否潮湿，是否为受限空间？

（6）是否有漏电保护装置？

- -

焊把末端绝缘破损导致漏电身亡

2012 年 7 月 17 日下午，河北省某厂二车间在生产过程中，焊工商某正在操作电焊机进行电焊固定工件作业。由于天气炎热，车间通风不畅，商某满头大汗。15 时 15 分左右，焊工班长王某来检查时，发现商某躺倒在地上。王某最初误认为是中暑，抢救时才发现是触电，急忙关闭电焊机并对商某进行急救，但终因触电时间过长，抢救无效身亡。

直接原因：事故发生后，经现场勘查分析，确定导致商某死亡的原因主要是焊把末端因绝缘破损漏电；同时由于天气高温炎热，为了保证产品质量，工作地点不能使用降温风扇，以致商某所穿戴的工作服、防护手套被汗湿透，失去绝缘功能。

间接原因：①预防工作不到位，工作前没有对设备进行安全检查。特别是对焊把末端连接处未进行细致的检查。②现场监督不力，未及时发现事故原因，及时处理。③安全教育培训不扎实，部分员工的安全素质不高。

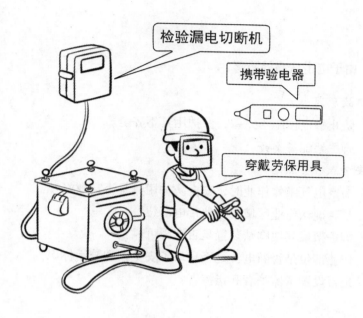

检验漏电切断机

携带验电器

穿戴劳保用具

电焊作业安全事项

事故防范对策

（1）操作电焊机的作业人员一定是经过地方安全监管部门培训、取得特殊作业证书的专业人员。

（2）焊接作业前一定要确认电焊机的一次线：①连接部位是否可靠、有无防护罩。②有无裸露、接头。

（3）检查电焊机本体有无破损、裸露，重点检查外皮接地是否连接牢固，检查焊钳是否完好，有无破损，如有破损要及时修理或更换。

（4）电焊机应装有漏电保护器（检验漏电切断机）。

（5）二次线尽量不要有接头和裸露部位，确实有的要把接头和裸露部位包裹好，作业人员作业时一定要穿绝缘防护鞋。

（6）作业前要确认作业场所是否潮湿，是否为受限空间。如果确定为以上场所，更要保证电源线和设备绝缘良好。

（7）对移动电气设备或手持电动工具一定要定期进行绝缘监测（手持移动工具每3个月1次，移动电气设备每6个月1次）。

三、由于电击从高处坠落

1. 事故原因

(1) 防止触电措施不完备，保护用具不齐全。

(2) 脚手架配备不齐。

2. 安全点检要点

(1) 高空电气维修作业时，安全防护用具是否穿戴好？

(2) 是否确认作业区域无其他带电部位？

(3) 脚手架或其他脚踏装置是否牢固可靠？

(4) 作业部位是否断电？是否采取了安全锁和警示标识？

(5) 是否设置了监护者和指挥者？

 案例

电击后从高处坠落

2010年8月25日，某厂电试班，在理化处变电室小修时，明知6032刀闸带电，班长却独自架梯登高作业，因木梯离6032刀闸过近（小于0.7米），遭电击从2米处高处坠落撞击变压器，最终因开放性颅骨骨折、肋骨排列性骨折，双上肢电灼伤等，抢救无效死亡。

事故防范对策

(1) 高空电气维修时，一定要穿戴好防护用具（安全鞋、安全帽、安全带）。

(2) 登高用具要牢固可靠（脚手架、升降车等）。

(3) 一定要确认作业区域其他部位是否还有带电部位。

(4) 作业部位一定要停电，停电后要进行验电，控制开关部位要有安全锁，实施停电挂牌。

(5) 作业时现场要设置监护者和指挥者。

四、接近高压电气设备时发生触电

1. 事故原因

（1）危险区域的隔离不良。

（2）危险区域的标识不良。

2. 安全点检要点

（1）高压设备、变压器是否设置了危险警示标识？

（2）是否设置了隔离设施？

（3）日常点检是否由有专业资质的指名作业人员进行？

接近高压电气设备时发生触电事故

2011 年 11 月 7 日上午，某厂动力外线班班长与徒弟一起执行拆除动力线任务。班长骑跨在天窗端墙沿上解横担上第二根动力线时，随着身体移动，其头部进入上方 10 千伏高压线间发生电击击倒并从 11.5 米高窗沿上坠落地面，造成颅内出血，抢救无效死亡。

该动力线距 10 千伏高压线才 0.7 米，远小于 1.2 米安全距离的规定。作业时没有断开上方 10 千伏高压电，作业者又不系安全带，下方监护人员是一名上班才两个月的徒工，不具备工作监护资格。

一系列的违章，丢掉了班长宝贵的生命。

事故防范对策

（1）高压设备、变压器等要设置危险警示标识和隔离设施。

（2）点检人员一定是由具有专业资格的指名人员。

（3）禁止他人进入高压危险区域。

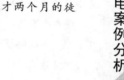

五、工具触碰到火线引起触电

1. 事故原因

在墙壁开孔时击穿埋设物。

2. 安全点检要点

（1）在墙体上打孔作业时，是否确认了墙体的状况？

（2）是否确认了墙体周围电线的布置和布局？

（3）在墙体上打孔作业时，是否确认了劳保用品的穿戴？

使用电动工具触碰到火线引起触电事故

2012 年 7 月 21 日在上海某工地，水电班班长安排普工朱某、郭某二人开凿电线管墙槽。朱某去了 4 层，郭某去了 5 层。当郭某在东单元西套卫生间用冲击钻打孔时，由于操作不慎，冲击钻打破电线导致触电。下午 14 时 20 分左右，木工陈某路过东单元西套卫生间，发现郭某躺倒在地坪上不省人事。事故发生后项目部立即叫来工人将郭某送往医院，但仍抢救无效死亡。

事故直接原因：郭某在工作时使用手提切割机操作不当以致割破电线造成触电是造成本次事故的直接原因。

事故间接原因：①项目部对职工安全教育不够严格，缺乏强有力的监督。②工地安全对施工班组安全操作交底不细，现场安全生产检查监督不力。③职工缺乏相互保护和自我保护意识。

事故主要原因：施工现场用电设备、设施缺乏定期维护、保养，开关箱漏电保护器失灵是造成本次事故的主要原因。

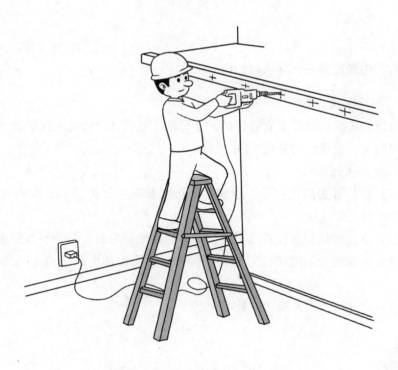

使用电动工具触碰到火线引起触电

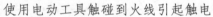

事故防范对策

（1）墙体打孔作业时一定要确认电线的走向和墙体内的布置情况。
（2）作业时穿戴好劳保防护用具。

六、电源线绝缘破坏引起触电

1. 事故原因

电源线进配电箱处无套管保护，金属箱体电线进口处也未设护套，使电线磨损破皮，造成电箱外壳、PE 线带电。

2. 安全点检要点

（1）电气开关的选用是否合理？是否安装漏电保护装置？漏电保护参数选择是否匹配？

（2）重复接地装置设置是否符合要求？接地电阻是否符合规范要求？

（3）电源线进配电箱处有无套管保护？金属箱体电线进口处是否设护套？

（4）作业前是否实施用电技术交底？

- -

电源线绝缘破坏引起触电事故

2002 年 9 月 11 日，因台风下雨，深圳市南山区某工程人工挖孔桩施工停工，天晴雨停后，工人们返回工作岗位进行作业。约 15 时 30 分，又下一阵雨，大部分工人停止作业返回宿舍，25 号和 7 号桩孔因地质情况特殊需继续施工（25 号由江某等两人负责），此时，配电箱进线端电线因无穿管保护，被电箱进口处割破绝缘，造成电箱外壳、PE线、提升机械以及钢丝绳、吊桶带电，江某触及带电的吊桶遭电击，经抢救无效死亡。

由于电源线绝缘破坏引起触电

事故防范对策

（1）选用与电气设备相匹配电气开关，并安装漏电保护装置。

（2）施工作业前要进行技术交底。

（3）施工作业前确认电源线进配电箱处应有套管保护，金属箱体电线进口处应设护套，电线应无磨损破皮。

七、跨步电压引起触电

1. 事故原因

当电气设备或电力系统与地发生短路时，以电流入地点为中心的周围地面上的人、畜两脚间可能出现的电位（势）差。距电流入地点越近，跨步电压就越高。减小跨步电压的措施是减小接地电阻。

2. 跨步电压触电后果

人受到跨步电压时，电流虽然是沿着人的下身，从脚经腿、胯部又到脚与大地形成通路，没有经过人体的重要器官，好像比较安全。但是实际并非如此！因为人受到较高的跨步电压作用时，双脚会抽筋，使身体倒在地上。这不仅使作用于身体上的电流增加，而且使电流经过人体的路径改变，完全可能流经人体重要器官，如从头到手或脚。经验证明，人倒地后电流在体内持续作用 2 秒钟，这种触电就会致命。

跨步电压触电一般发生在高压电线落地时，但对低压电线落地也不可麻痹大意。根据试验，当牛站在水田里，如果前后跨之间的跨步电压达到 10 伏左右，牛就会倒下，电流常常会流经它的心脏，触电时间长了，牛会死亡。

由于跨步电压引起触电事故

2002 年 10 月某市郊电杆上的电线被风刮断，掉在水田中，一小学生把一群鸭子赶进水田，当鸭子游到落地的断线附近时，一只只死去，小学生便下田去拾死鸭子，未跨几步便被电击倒。爷爷赶到田边急忙跳入水田中拉孙子，也被击倒。小学生的父亲闻讯赶到，见鸭死人亡，又下田抢救也被电击倒，一家三代均死在水田中。

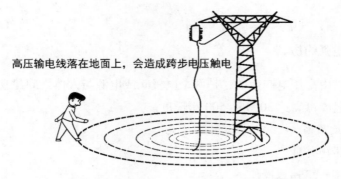

高压输电线落在地面上，会造成跨步电压触电

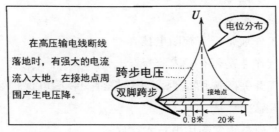

在高压输电线断线落地时，有强大的电流流入大地，在接地点周围产生电压降。

电位分布

跨步电压

双脚跨步

接地点

0.8米　20米

由于跨步电压引起触电

事故防范对策

（1）当一个人发现跨步电压威胁时，应赶快把双脚并在一起，然后马上用一条腿或两条腿跳离危险区。

（2）增设接地极改变跨步电压。增设垂直接地极对于降低接触电压和跨步电压具有非常显著的作用。一是垂直接地极的引入，降低了地电位升(GPR)，而接触及跨步电压均与GPR有直接的关系。二是因为增设垂直接地极后，大部分故障电流通过垂直接地极流入大地，相应减少了水平导体的散流量，因此地表面的水平方向电流密度大大减少，造成水平方向电场强度大大降低。

八、电弧灼伤

电弧是由高压电产生的，是两个电极间或电源与人体之间建立起的一光亮桥带、温度可高达 3000 ~ 4500 摄氏度。

1. 事故原因

（1）带电作业。

（2）图省事违章操作。

2. 安全点检要点

（1）电工作业是否实施断电挂牌？

（2）电气作业是否有专人监督？

（3）电气开关的选用是否合理？是否安装漏电保护装置？漏电保护参数选择是否匹配？

（4）作业前是否实施用电技术交底？

带电接手枪钻　被电弧灼伤　面目全非

2007 年 9 月 9 日 13 时 50 分左右，唐山市丰润区某集团公司叉轴车间工人陈某在没人监护的情况下为图省事擅自带电接手枪钻，发生电器短路。电源箱喷射出电弧光，造成陈某工作服上衣左侧燃烧起火。两位同事发现后迅速为其脱下上衣，但陈某左侧脸部、左臂、左侧上半身已被电弧光灼伤。陈某受伤后，被立即送往医院救治，经诊断烧伤面积为 20%，程度 2 ~ 3 度。叉轴车间用电设备几乎全部烧毁，直接损失 100 万元。

陈某在受伤后的一年中先后多次住院做植皮手术，手术过程痛不欲生。尽管手术都非常成功，但术后仍面目全非，给他及家人内心造成的创伤是难以言表的。

A——一级短路击穿空气开关；B——二级短路击穿电源箱外壳；C——三级短路击穿母线与电源箱

短路电弧击穿现场

事故防范对策

（1）一定要确认作业区域是否还有带电部位。

（2）作业部位一定要停电进行，停电后要进行验电，控制开关部位要使用安全锁和进行停电挂牌。

（3）作业时现场要设置监护和指挥者。

触电案例分析

柒

灼烫案例分析

一、灼烫简介

1. 灼烫概念

灼烫，指强酸、强碱溅到身体引起的灼伤，或因火焰引起的烧伤，高温物体引起的烫伤，放射线引起的皮肤损伤等事故。不包括电烧伤以及火灾事故引起的烧伤。

2. 灼烫的预防措施

（1）高温作业岗位人员应严格执行安全技术操作规程，远离危险区域。

（2）正确穿戴个体防护用品，提高从业人员的自我保护意识。

（3）加强对腐蚀性危险化学品等容器的日常检查，及时淘汰不合格的贮存装置。

（4）强化高温危险源的辨识工作，制定可靠的作业指导书，提高从业人员面对突发事件的应急处置能力。

3. 常见的灼烫事故

（1）接触高温汽水被烫伤。

（2）明火作业烫伤。

（3）腐蚀性危险化学品灼伤。

（4）电气焊（高温）作业穿着化纤衣物，着火造成灼烫。

（5）炉渣喷溅灼烫。

（6）造型质量不良，铁水喷出伤人。

二、接触高温汽水被烫伤

1. 事故原因

（1）管道检修工作前，检修管段的疏水门未打开。

（2）工作许可人和工作负责人未按规定在开工前共同到现场检查安全措施执行情况，未查看出口门前管道的疏水排放情况。

2. 安全点检要点

（1）管道检修工作前，检修管段的疏水门是否打开？

（2）工作许可人和工作负责人是否按规定在开工前共同到现场检查安全措施执行情况？

（3）工作人员是否对设备系统的连接方式及各阀门用途熟悉和了解？

（4）检查作业人员是否穿戴了安全防护用品？

接触高温汽水被烫伤

一日，某火电厂8号给水泵在备用时出现反转，怀疑出口逆止门有泄漏，决定将8号给水泵退出备用，进行检查。汽机检修分公司开出8号给水泵出口逆止门内漏检查工作票，采取的安全措施如下：

（1）8号给水泵停止运行，电机停电，挂工作牌。

（2）关闭8号给水泵出、入口电动门，电动装置停电，挂工作牌。

（3）开启8号给水泵泵体放水门，泄压至0。

汽机运行人员按照工作票要求做完安全隔离措施，将8号给水泵停电并泄压至0。检修人员将出口逆止门法兰拆下后，检修人员A在取逆止门门芯时，突然从出口管冒出一股高温水，将其左下肢烫伤。

事故原因分析：

（1）汽机检修分公司在签发工作票时，制定安全措施未考虑到给水泵出口门可能内漏，导致高温给水在出口管道内积聚并从出口管翻出。

（2）严重违反《电业安全工作规程》（热力和机械部分）（以下简称《安规》）中"管道检修工作前，检修管段的疏水门必须打开，以防止阀门不严密时泄漏的水或蒸汽积聚在检修的管道内"的规定。

（3）工作许可人和工作负责人未按《安规》规定在开工前共同到现场检查安全措施执行情况，未查看出口门前管道的疏水排放情况。

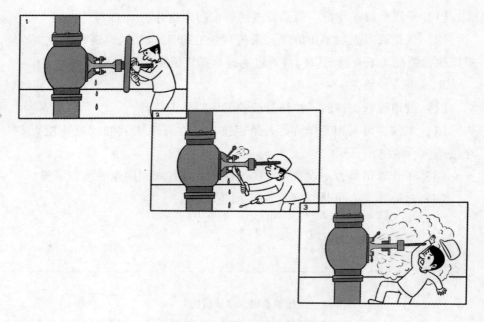

站立不当接触高温汽水被烫伤

事故防范对策

（1）工作人员应对设备系统的连接方式及各阀门用途熟悉和了解。

（2）工作许可人和工作负责人在开工前共同到现场检查安全措施执行情况。

（3）管道检修工作前，检修管段的疏水门（排水口）要完全打开。

（4）作业人员作业前按要求穿戴好劳保用品。

三、明火作业烫伤

所谓明火作业，是指使用电焊、气焊和喷灯烘烤、熬炼等热工作业，在日常生产中也叫动火作业。明火作业的特征是在作业过程中有明火焰产生。其中焊接和切割是常见的明火作业，需要同易燃、易爆物质以及压力容器打交道，存在着较大的火灾爆炸危险性。

1. 事故原因

（1）无证上岗作业。

（2）操作工缺乏安全常识。

（3）管理缺陷。管理制度不健全或有章不循，不听从提醒，不服从管理，违章作业。

2. 安全点检要点

（1）作业现场是否有可燃物？

（2）是否有必要办理动火作业证？

（3）防护用品是否完好？是否按要求佩戴？

天然气泄漏　电焊引发爆燃

一日，在某天然气输气新装置安装施工中，因来气控制球阀不严，产生漏气，且无法及时排除障碍。当时任务紧急，参加施工的管工马某负责组对弯头焊口，电焊工点焊时，引起管道内混合气体爆燃，从对口焊缝中喷出。在没有任何防护情况下，马某被火焰灼伤，造成双手腕部和左脸局部灼伤。

明火作业不慎烫伤

事故防范对策

（1）焊工应按劳动部门颁发的有关规定使用劳保用品，穿的工作服和戴的手套不应有破洞，以防火花溅进引起烫伤。

（2）长时间进行仰焊时，应穿皮上衣或戴皮套袖，不要将工作服束在裤腰内，裤脚管不要卷边，也不要束在鞋里，以防金属飞溅造成灼伤。

（3）禁止在储存有易燃易爆物品的房间或场地、容器上焊接。在易燃物品附近焊接，应远离至少10米，并要有防火材料遮挡。

（4）焊工在高空作业时，应仔细观察焊接处下面有无人和易燃物，防止金属飞溅造成下面人员烫伤或发生火灾。

（5）如有接地线的结构，在焊前应将接地线拆除。防止由于焊接回路接触不良，使接地线变为焊接回线，烧毁接地线，引起火灾。

四、腐蚀性危险化学品灼伤

危险化学品灼伤事故主要指腐蚀性危险化学品意外与人体接触，在短时间内即在人体被接触表面发生化学反应，造成明显破坏的事故。腐蚀品包括酸性腐蚀品、碱性腐蚀品和其他不显酸碱性的腐蚀品。

化学腐蚀性物质的特性：强烈的腐蚀性、氧化性、遇水发热性、毒害性、燃烧性。

1. 事故原因

（1）员工安全意识不够强，未能及时发现处理的空瓶存在隐患就随意搬运。

（2）使用化学品时没有完全倒干净，而且用过的化学品空瓶没有盖好盖就装箱处理。

2. 安全点检要点

（1）搬运危险化学品空桶时是否进行了检查？

（2）搬运危险化学品空桶时是否配备及穿戴了专用、完好的劳保用品，使用专用器具，并且确认实施了危险化学品空桶专人保管、定期检查制度？

（3）清理危险化学品空桶工作结束后是否更换工作服，清洗后才离开作业场所？

（4）是否不断改进工艺技术，并保证安全的生产条件，防止和减少危险品溢散？

腐蚀性危险化学品意外与人接触造成灼伤

一日，某厂电镀工李某在配制电镀液开启氢氟酸桶时，由于桶盖密封比较严，李某嫌戴橡胶防酸手套不舒服，便脱下橡胶手套改换线手套，并用随身携带的钥匙撬动桶盖，致使氢氟酸溶液浸到线手套上，导致拇指被氢氟酸灼伤。

李某感觉左手拇指十分疼痛后，即用清水冲洗了 5 分钟，但疼痛仍未缓解。皮肤接触高浓度氢氟酸后，立即发生烧灼疼痛，初期皮肤潮红，逐渐转暗红、干燥，创面苍白、坏死，继而呈现紫黑色或灰黑色。

事故原因：造成李某拇指灼伤的直接原因是违章操作。《电镀工安全操作规程》明确规定"在配制电镀液时必须穿戴好劳动防护用品"。李某未戴橡胶手套，开启高浓度氢氟酸桶时，不慎被溅出的浓酸溶液灼伤拇指。

腐蚀性危险化学品意外与人接触时灼伤

事故防范对策

（1）搬运危险化学品空桶时要进行检查确认。
（2）搬运危险化学品空桶时要穿戴专用、完好的劳保用品和使用专用器具。
（3）危险化学品空桶要专人保管、对制度执行情况要定期检查。
（4）清理危险化学品空桶工作结束后要更换工作服，清洗后再离开作业场所。
（5）应不断改进工艺技术，并保证安全的生产条件，防止和减少危险品溢散。

五、电气焊（高温）作业穿着化纤衣物 着火造成灼烫

1. 事故原因

（1）未按要求穿戴好劳保用品。

（2）使用了不安全的割炬。

（3）现场管理人员未按安全制度组织施工。

2. 安全点检要点

（1）气割作业时是否按要求穿戴好劳保用品？

（2）割炬是否检查确认完好？

（3）现场易燃物是否清理干净并准备好灭火器？

（4）作业人员是否持证上岗？

（5）是否设置了监护者和指挥者？

气焊（高温）作业穿着化纤衣物 着火造成灼烫

盛夏的一天，某玻璃纤维厂一焊工王某下班后突然接到紧急任务——车间组装线发生故障，有一块挡板需要割除。王某为了赶进度未换工作服，穿了一身化纤衣服就开始工作。这时班长李某发现割炬有点漏气，班长让王某更换割炬，王某说：一会儿就干完了，注意点就行，班长看看时间也没有再坚持，王某继续割除剩余不多的挡板。这时割炬突然发生回火，调节轮处的火苗顿时将王某全身的化纤衣服引燃，虽经在场的同事奋不顾身地抢救，王某仍被烧成重伤。

这起事故主要是因为王某违反该厂明文规定的"焊工必须穿棉布工作服，禁穿化纤布服装"造成的。为什么严禁穿着化纤布衣服呢？棉布工作服一般比较厚实，含水性较强，燃点比化纤衣服要高，可燃性比化纤衣服差，而且燃烧速度慢，同时还具有防烧灼、抵御火苗侵害和防静电危害等性能。而化纤衣服一般较轻薄柔软，吸湿性差，燃点较低，易燃烧，而且燃烧速度较快，一旦着火后果不堪设想。

捌
灼烫案例分析

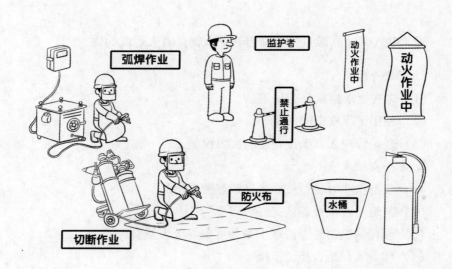

弧焊作业

监护者

动火作业中

动火作业中

禁止通行

防火布

切断作业

水桶

电气焊作业实施要领

事故防范对策

（1）气割作业时一定按要求穿戴好劳保用品。
（2）气割作业时要检查确认割炬完好。
（3）一定要确认作业区域易燃物已清理干净。
（4）作业时现场要设置监护者和指挥者。

六、炉渣喷溅灼烫

1. 事故原因

（1）盛放铁水的器具预热不充分。

（2）溶解的材料中带有水分。

2. 安全点检要点

（1）溶解的材料中是否确认无水分？

（2）用于盛放铁水溶液的器具是否提前预热？

（3）周围是否有含水的器具或容器？

炉渣喷溅灼烫事故

2009 年 5 月 8 日凌晨，位于无锡市的某特钢有限公司炼钢分厂 40 吨转炉在进行废钢投料作业时，发生炉渣喷溅，造成 8 人烫伤。

原因分析：

一是炼钢厂 40 吨转炉在进行投料作业过程中，将铸铁脱模泥浆沉积物伴随生铁块一起加入炉内，由于脱模泥浆沉积物比较潮湿，在进入转炉内后沉入铁水，并迅速发生气化，造成炉内炉渣喷溅，这是造成事故发生的直接原因。

二是企业对炉料管理不规范，在加料前没有对炉料进行分拣，没有确认炉料是否干燥就直接进行投料，这是引发事故的间接原因。

三是现场管理不严格，劳动组织不合理，在转炉进行投料时作业现场无关人员多（8 个伤者中有 3 个行车工，1 个钳工），扩大了事故的后果。

灼烫案例分析

炉渣喷溅灼烫

事故防范对策

（1）溶解操作时最危险的是溶解材料中含有水分，如果有水就会产生爆炸，因此溶解材料之前一定要进行干燥作业（提前预热烘干）。

（2）搅拌溶解物时，用于搅拌的器具要提前预热到合适的温度，如果不这样做就会产生爆炸现象。

（3）在溶解区域禁止存放有水或其他存有液体的容器，员工饮水时也要远离作业区。

（4）溶解物中一般要添加部分添加剂，在添加时要确认是否含有水分。

七、造型质量不良　铁水喷出伤人

1. 事故原因

（1）砂箱两体研合面制型时不够严密，箱体扣合后存有缝隙，浇铸前没有检查到。浇铸时砂型内达到一定压力，铁水从缝隙喷出。

（2）操作者没有穿戴防护鞋和防护服。

2. 安全点检要点

（1）是否认真检查每一道工序，确保砂型质量？

（2）作业人员是否正确穿戴防护鞋、防护服等劳动防护用品？

（3）浇铸时是否检查铁水温度？

（4）浇铸过程是否按操作规程实施？

- -

造型质量不良　铁水喷出伤人

一日，某厂翻砂车间工人王某等人在为铸型扣砂箱做浇铸前的准备。上午10时许，工人将沸腾的铁水装入浇铸吊罐。浇铸时班长董某指挥，刘某操作倒链，控制铁水流量，王某用铁扒挡住铁水浮渣流入砂箱。在浇铸一个大砂箱时，砂箱上下两体接合处突然喷出铁水花，将王某两腿重度烧伤。

造型质量不良　铁水喷出伤人

事故防范对策

（1）检查浇铸通道是否畅通、便于操作，确保安全。

（2）了解、清楚要浇铸砂型的铁水牌号、浇铸温度和浇铸质量等情况，并按照各铸件的工艺要求和熔化安排做好浇铸准备。

（3）浇铸工应按照浇铸负责人的指令进行浇铸。

（4）浇铸时应清除包内铁液表面的浮渣。

（5）浇铸时应测量铁水温度，浇铸温度应按照工艺要求控制并做好记录。

（6）浇铸时应注意：仔细挡渣；浇包嘴离浇口杯的高度不能过高；浇铸时浇口杯应保持常满，正常情况下不应断流；浇铸时浇口杯内不得产生旋涡。

（7）飞溅和外溢：浇铸开始后应及时引气。

高处坠落案例分析

一、高处坠落简介

1. 高处作业的概念

凡在坠落高度基准面（从作业位置到最低坠落着点的水平面）2米以上（含2米）有可能坠落的高处进行的作业称为高处作业。

2. 高处作业的分级

（1）2～5米，称为一级高处作业。其可能坠落半径为2米。

（2）5～15米，称为二级高处作业。其可能坠落半径为3米。

（3）15～30米，称为三级高处作业。其可能坠落半径为4米。

（4）30米以上，称为特级高处作业。其可能坠落半径为5米。

3. 高处坠落的特点

从事故的主体看，由于违反操作规程或劳动纪律及未使用或未正确使用个人防护用品而造成坠落事故的约占68.2%。从发生事故主体的年龄来看，23～45周岁的人居多，约占70%以上。从事故的客体看，原因多方面，包括安全生产责任制落实不好，安全经费投入不足，安全检查流于形式，劳动组织不合理，安全教育不到位，施工现场缺乏良好的安全生产环境与生产秩序等。从事故的结果看，作业离地面越高，冲击力越大，伤害程度越大。从事故的类型看，高处坠落事故最易在建筑安装登高架设作业过程中的脚手架处、吊篮处、使用梯子登高作业处以及悬空高处发生。其次易在"四口五临边"处，轻型屋面处发生。

4. 常见高处坠落事故

（1）临边作业高处坠落。

（2）洞口作业高处坠落。

（3）攀登作业高处坠落。

（4）悬空作业高处坠落。

（5）操作平台作业高处坠落。

（6）交叉作业高处坠落。

二、临边作业高处坠落

临边作业是指施工现场中，工作面边沿无围护设施或围护设施高度低于800毫米的高处作业。

1. 事故原因

（1）由于敞口部位没有护栏而坠落。

（2）由于开口部位没有警示类的标志而坠落。

2. 安全点检要点

（1）高空平台作业时是否确认周边环境，确认有无开口部位？

（2）开口部位采取的措施是否有效（护栏、标识）？

（3）安全帽、安全带的状况是否完好？

（4）是否有监护人？

临边作业高处坠落事故

一日，某小区阳台栏杆工程进行验收，发现部分需要修补的问题。随后，施工单位安排作业人员对栏杆验收中发现的问题进行修补。杂工李某翻过18层的花坛内侧栏杆，站到18层花坛外侧约30厘米宽、没有任何防护的飘板上向下溜放电焊机电缆，不慎从飘板面坠落至一层地面，坠落高度约54米，经抢救无效死亡。

事故直接原因：李某违章冒险作业，在未系安全带、没有任何安全防护措施的情况下进行高处临边悬空作业。

事故间接原因：死者进场仅三天，未进行三级安全教育。施工单位安全管理混乱，现场无专职安全员，未进行安全技术交底。施工单位对工人只使用、不管理、不教育。

玖 高处坠落案例分析

临边作业高处坠落

事故防范对策

（1）高空平台是危险的作业，作业前一定要确认周边环境，确认开口和临界状况。

（2）在开口处设置安全护栏或隔离带，并设警示标识。

基坑周边，尚未安装栏杆或栏板的料台与挑平台周边，雨蓬与挑檐边，无外脚手架的屋面与楼层周边都必须设置防护栏杆。

井架与施工用的临时梯和脚手架等与建筑物通道的两侧边，必须设防护栏杆，地面通道上部应装设安全防护棚。

各种垂直运输接料平台，除两侧设防护栏杆外，平台口还应设置安全门或活动防护杆。

临边防护栏杆件的规格及连接必须符合安全规定；钢管横杆及栏杆柱均采用 $\phi48\times$（2.75~3.5）的管材，以扣件或电焊固定。

以其他钢材如角钢等做防护栏杆杆件时，应选用强度相当的规格，以电焊固定。

（3）作业时佩戴安全帽、安全带。

（4）设置监护人员，随时提醒作业安全。

三、洞口作业高处坠落

施工现场，结构体上往往存在各式各样的孔和洞，在孔和洞边口旁的高处作业统称为洞口作业。洞口作业是指孔与洞边的高处作业，包括施工现场及通道旁深度在 2 米及 2 米以上的柱孔、人孔、沟槽与管道、空洞等边沿上的作业。

孔与洞的区分，则以其大小来划分界限，水平方向与垂直方向也略有不同。

除上述洞口外，常会有因特殊工程和工序需要而产生使人与物有坠落危险或危及人身安全的各种洞口，这些也都应该按洞口作业加以防护。

1. 事故原因

（1）预留洞口、楼梯口、电梯井口、通道口未采取防止坠落措施。

（2）在敞开状态下作业未系安全带。

2. 安全点检要点

（1）高空平台是否有孔洞？作业时孔洞是否打开？

（2）打开的孔洞周边是否设置了防护栏？

（3）是否佩戴了安全带、安全帽？

预留洞口未进行封闭指挥工坠落身亡

2005 年 3 月 9 日，在某生活广场施工过程中一名指挥工在穿越在建的 19 号房底楼时，从 1.5 米长 0.38 米宽的未铺盖板的洞口坠落至 4.1 米深的地下室地面。后经医院抢救无效死亡。

事故原因：预留洞口未进行封闭；管理不到位；作业人员安全意识差。

洞口作业高处坠落

事故防范对策

（1）洞口作业的防护措施，主要有设置防护栏杆，用遮物盖设，设置栅门，格栅或阻挡件，以及架设安全网等多种方式，不同的情况有不同的防护设施。

（2）各种板与墙的洞口，按其大小和性质分别设置稳固的盖板、防护栏杆、安全网或其他防坠落的防护设施。

（3）电梯井口视具体情况设防护栏杆或固定栅门，电梯井内每隔两层或10米设一道安全网。也可设固定格栅或砌筑坚实的矮墙等。

（4）未填土的坑、槽口以及人孔、天窗、地板门和化粪池都要为洞口而设置稳固的盖件。在作业场地与场地通道附近和各类洞口与深度在2米以上的敞口等处，除设置防护设施与安全标志外，还应挂警示灯。

四、攀登作业高处坠落

借助登高用具或登高设施，在攀登条件下进行的高处作业称为攀登作业。

1. 事故原因

（1）安全带保护绳未系好。

（2）攀登过程中图省事违章操作。

（3）安全交底及监护措施不到位等。

2. 安全点检要点

（1）脚手架是否牢固？是否可以攀爬？

（2）脚手架有无锈蚀、开裂、缺损？

（3）脚手架是否防滑？

（4）是否确认安全带的状况？

攀登作业高处坠落事故

2010年5月8日至15日，东北某超高压局送电工区按计划进行绝缘子更换作业。5月12日，第三作业组负责人带领8名作业人员进行工作。塔上2名作业人员邢某、乌某在更换完B相合成绝缘子后，准备安装重锤片。邢某首先沿软梯下到导线端，下午14时16分，乌某在沿软梯下降过程中，从距地面33米高处坠落，送医院抢救无效死亡。

事故原因分析：一是作业人员沿软梯下降前，安全带保护扣环没有扣好、没有检查，发生脱扣。二是在沿软梯下降过程中，没有采用"沿软梯下线时，应在软梯的侧面上下，应抓稳踩牢，稳步上下"的规定操作方法，而是手扶合成绝缘子脚踩软梯下降，不慎坠落。三是工作负责人没有实施有效监护，没有及时纠正违规的下降方式。

玖

高处坠落案例分析

攀登作业高处坠落

事故防范对策

（1）在施工组织设计中应确定用于现场施工的登高和攀登设施。

（2）柱、梁和行车梁等构件吊装所需的直爬梯及其他登高用拉攀件，应在构件施工图或说明内作出规定。

（3）攀登的用具，结构构造上必须牢固可靠。

（4）移动式梯子，均应按现行的国家标准验收其质量。

（5）作业人员应从规定的通道上下，不得在阳台之间等非规定通道进行攀登，也不得任意利用吊车臂架等施工设备进行攀登。

（6）钢柱安装登高时，应使用钢挂梯或设置在钢柱上的爬梯。

（7）登高安装钢梁时，应视钢梁高度，在两端设置挂梯或搭设钢管脚手架。

（8）钢层架的安装，应遵守规范要求。

（9）攀爬脚手架过程中，脚部踩踏的部位要选择直梯部位，尽量不要踩踏斜梯部位，脚要踩牢后再向上攀爬。

五、悬空作业高处坠落

在周边临空状态下进行的高处作业，称为悬空作业。

1. 事故原因

（1）安全带保护绳未系好。

（2）攀登过程中图省事违章操作。

（3）安全交底及监护措施不到位等。

2. 安全点检要点

（1）脚手架是否牢固？是否可以攀爬？

（2）脚手架有无锈蚀、开裂、缺损？

（3）脚手架是否防滑？

（4）是否确认安全带的状况？

（5）是否确认安全滑板状况？

（6）是否确认安全绳的状况？

- -

U 形卸扣绑扎方向相反不幸坠落身亡

某商业广场工程裙楼子单位工程于 5 月 7 日通过由建设单位组织的、参建各方共同参与的正式验收。为将工程完好地移交给建设单位，装修分包单位安排涂料工人对已验收工程的局部受污染墙面补刷涂料。2007 年 5 月 9 日上午 8 时 10 分，在裙楼 C 区中庭采用吊绳滑板（蜘蛛人吊绳滑板工具）作业方式对受污染部位补刷涂料的涂料工姚某，在从二楼往一楼下滑过程中，由于主绳上的 U 形卸扣的螺栓反转脱落，致姚某坠落至地下室地面，头部着地，当场死亡。坠落高度约 5 米。

事故直接原因：死者姚某个人使用的吊绳滑板上的 U 形卸扣绑扎方向相反，当滑板下滑时，卸扣螺栓因与主绳摩擦而反转脱落，且无安全绳等其他安全防护措施，导致高处坠落。

事故间接原因：

（1）装修分包单位虽有对职工进行日常安全生产教育，但安全教育流于形式，缺乏针对性，工人安全生产意识淡薄。工程管理人员对危险性较大的滑板作业无安全防护措施熟视无睹，未予纠正。死者姚某安全生产意识淡薄，对在无安全防护措施情况下进行滑板作业抱有侥幸心理。

（2）总承包单位对分包单位缺乏有效管理，安全生产管理不到位，工程管理人员对危险性较大的滑板作业无安全防护措施熟视无睹，未予纠正。

悬空作业

事故防范对策

（1）悬空作业处应有牢靠的立足处，并必须视具体情况配置防护栏网、栏杆或其他安全设施。

（2）悬空作业所用的索具、脚手板、吊篮、吊笼、平台等设备，均需经过技术鉴定或检证方可使用。

（3）构件吊装和管道安装时、模板支撑和拆卸时、混凝土浇筑时、进行预应力张拉时、进行门窗作业时的悬空作业应遵守相应的规范要求。

（4）攀爬时要佩戴安全带，并有人监护。

六、操作平台作业高处坠落

在施工现场中用以站人、载料并可进行操作的平台上作业，称作操作平台作业。操作平台分为移动式操作平台、悬挑式操作平台等。

1. 事故原因

（1）安全带保护绳未系好。

（2）攀登过程中图省事违章操作。

（3）安全交底及监护措施不到位等。

2. 安全点检要点

（1）操作平台结构是否牢固？是否符合相关规范？

（2）操作平台是否锈蚀、开裂、缺损？

（3）操作平台的台面是否牢固？

（4）是否确认安全带的状况？

操作平台作业高处坠落事故

2010年4月的一天，上海某厂房工地吊装班铆焊组长宋某来到锅炉房东侧吊装墙板处使用操作平台，事先没有征得操作平台所在小组人员的同意就擅自动用，并且无专职司机和指挥人员进行操作指挥。宋某在使用前既没有认真检查操作平台也没有系安全带就开始提升。当操作平台经过与阻碍物三次擦碰后升到21米时，一端钢丝绳由于少一个卡扣而脱落，使操作平台一端下垂，将宋某从操作平台内甩出。宋某头部碰击10米平台后坠地身亡。

操作平台作业

事故防范对策

（1）操作平台应由专业技术人员按现行的相应规范进行设计，图样应编入施工组织设计。

（2）操作平台的面积不应超过10平方米，高度不应超过5米。还应进行稳定验算，并采取措施减少立柱的长细比。

（3）装设轮子的移动式操作平台，轮子与平台的接合处应牢固可靠，立柱底端离地面不得超过80毫米。

（4）操作平台可用(48～51)×3.5钢管以扣件连接，亦可采用门架式或承插式钢管脚手架部件，按产品使用要求进行组装。平台的次梁，间距不应大于40毫米；台面应满铺3厘米厚的木板或竹笆。

（5）操作平台四周必须按临边作业要求设置防护栏杆，并应布置登高扶梯。

七、交叉作业高处坠落

在施工现场的上下不同层次、不同高度，于空间贯通状态下同时进行的高处作业，叫交叉作业。

1. 事故原因

（1）员工未按高处作业安全操作规程作业。

（2）现场管理协调不力，安全防护设施不到位。

（3）没有按工艺要求选用相应的构件，随意用其他材料代替。

2. 安全点检要点

（1）同一垂直面上是否有交叉作业？

（2）下层作业位置是否处在上层作业位置垂直投影间距的坠落半径之外？

（3）人行通道是否处于起重机吊臂吊运范围及坠落半径范围内？

（4）楼层边口、通道口、脚手架边口是否有堆放拆卸料件？

交叉作业高处坠落事故

2006 年 5 月 19 日下午，河北某建筑公司柏某等 3 人在工地北面双笼电梯西侧阳台边爬升过程中，被 14 层阳台梁底（标高 37.37 米）的一块钢模板和支撑钢管所阻碍。中午，架子工谢某将爬升架爬升受阻的情况向项目工程师蒋某汇报。当时蒋某说："你们自己拆一下（模板）。"架子工未答应。下午上班后，架子工谢某看到木工王某刚好在该处脚手架上加固 14 层阳台的支模板，因此，谢某就向王某说了这个模板和钢管阻碍爬升。王某就一手抓钢管，一手拿榔头自行拆除这块钢模板。因为钢模板与混凝土之间隔着木板，使钢模板没有水泥浆的黏吸附着力，当王某用榔头击打掉回形卡后，钢模板就自行脱落。由于拆除时没有采取任何防护措施，因此钢模板正好从 13 层阳台与脚手架的空当中掉落。钢模板在下落时，又被 12 层阳台碰了一下，改变下落的方向，弹出坠落至建筑物水平距离 9.8 米处，击中了正在该处下方清理钢模板的柏某头部，击破安全帽，造成柏某脑外伤后从高处坠落至地面。事故发生后，现场人员当即拦车将柏某送医院抢救。因抢救无效，柏某于当日 15 时 15 分死亡。

交叉作业高处坠落

事故防范对策

（1）同一坠落方向上，一般不得进行上下交叉作业，如需进行交叉作业，中间应设置安全防护层。坠落高度超过 24 米的交叉作业，应设双层防护。

（2）下层作业位置应处在上层作业位置垂直投影间距的坠落半径之外。

（3）拆卸料件堆放距层边不小于 1 米。

（4）楼层边口、通道口、脚手架边口禁止堆放拆卸料件。

中毒窒息案例分析

一、中毒窒息简介

1. 中毒窒息的概念

中毒是指机体过量或大量接触化学毒物，引发组织结构和功能损害、代谢障碍而发生疾病或死亡。窒息是指因外界氧气不足或其他气体过多或者呼吸系统发生障碍而呼吸困难甚至停止呼吸。两种现象合为一体，称为中毒窒息。

2. 中毒窒息及引发的气体

人体内的所有细胞都需要氧气，缺少氧气，细胞就要死亡。空气中的氧气是怎么进入细胞中的呢？主要有两个过程：一个是肺泡内的氧气进入到血液中与含二价铁的血红蛋白相结合，成为"碳氧血红蛋白"，这个过程叫作外呼吸过程；另一个是碳氧血红蛋白随着血液循环到各个组织后，又可将氧放出交给细胞中的含有三价铁的细胞色素氧化酶，细胞才能利用氧气，这个过程叫作内呼吸过程。一些有毒气体可以阻断外呼吸的过程，另一些有毒气体可以阻断内呼吸过程，使得细胞不能得到氧气，这些有毒的气体叫窒息性气体。在生产过程中，常见的窒息性气体有两大类：一类是单纯性窒息性气体，如甲烷、二氧化碳和氮气等气体；另一类是化学性窒息性气体，如一氧化碳、硫化氢及氰化氢等。

3. 空气中含氧量减少对人体的危害程度

不同氧气浓度时人体的反应

氧气浓度/%	人 体 反 应
17	静止时无影响，工作时喘息，呼吸困难
15	呼吸急促，脉搏跳动加速，判断能力和意识减弱
10～13	失去劳动能力，失去理智，时间长有生命危险
6～9	失去知觉，呼吸停止，急救不及时会导致死亡

注：《煤矿安全规程》规定：空气中氧气浓度不低于20%。

4. 一氧化碳对人体的危害

不同一氧化碳浓度时人体的反应

CO 空气中的含量/10^{-6}	吸 入 时 间 和 中 毒 显 示 症 状
50	成年人置身其中所允许的最大含量
200	2~3 小时后，有轻微的头痛、头晕、恶心
400	2 小时内前额痛，3 小时后将有生命危险
800	45 分钟内头痛、恶心，2~3 小时内死亡
1600	20 分钟内头痛、恶心，1 小时内死亡

注：《煤矿安全规程》规定：井下风流中一氧化碳浓度不得大于 24×10^{-6}。

5. 常见的中毒窒息事故

（1）设备设施故障造成有毒气体泄漏，致使现场人员中毒。

（2）进行受限空间作业导致中毒和窒息。

（3）污水处理作业发生硫化氢中毒。

（4）检修作业惰性气体窒息。

二、设备设施故障造成有毒气体泄漏　致使现场人员中毒

1. 事故原因

（1）由于设备故障，造成有毒气体泄漏，致使现场抢修人员中毒。

（2）抢修人员未按要求佩戴个人防护用品。

2. 安全点检要点

（1）煤气设施检修是否办理特殊作业许可？

（2）现场是否采取安全防护措施？

（3）是否配备防毒面具？

（4）是否有监护人？

煤气柜的进气管故障　造成有毒气体泄漏　致使现场人员中毒

2004 年 2 月 6 日 11 时左右，某钢铁公司动力车间水煤气工段在检修水煤气柜的进气管水封排污阀时，拟关闭该阀，但阀门关不动，发生了一氧化碳外泄中毒事故。在随后约 1 小时内，共造成抢修者和闻讯前来营救人员 17 人中毒，其中 4 人死亡，13 人中毒的重大伤亡事故。

事故直接原因：

（1）物的不安全状态。①从内部结构上看，旋塞与阀体接触面应为光滑的圆锥面，由于有厚度 0.16 毫米的焦油固化物充塞其间，使其旋塞阻力大大增加。②从该阀外表情况来看，阀严重锈蚀，缺退塞螺钉和盘根压盖螺帽，以及焦油在阀内的积聚，致使该阀卡阻，难以调整。因而，阀门是事故的起因物，也是引发事故的主要原因。

（2）人的不安全行为。在事故的营救阶段，该厂缺乏足够的、有效的防护用品、用具；在对一氧化碳危险性认识不足的情况下，盲目冒险组织人员抢修，这是导致事故伤亡人数扩大的直接原因。

事故间接原因：

（1）未能严格执行"三同时"。该厂建设项目未通过安全和职业卫生"三同时"审

查验收，以致安全隐患未得到及时整改，从而在设计、质量、选型、使用规格和有关防护设施上，都存在隐患，为事故的发生埋下了祸根。

（2）现场安全管理混乱，缺乏检查和日常维护保养。

（3）安全教育培训不够，缺乏安全意识和防范能力。

有毒气体泄漏中毒

事故防范对策

（1）凡是进入危险场所作业，必须正确穿戴防护用品、用具，严格按照规定办理《危险作业申请表》，杜绝"三违"，确保安全。

（2）切实抓好有毒有害气体的防护工作。对职工要加强安全知识的培训，配备必要的检测仪器和防护用具。发生中毒事故，应实施正确的、安全的营救方法，宜制定预防预测和反事故安全技术措施及应急方案。

（3）进一步搞好设备的定期检修和日常维修保养工作，及时发现和消除事故隐患，严禁设备带"病"和超负荷运行。

（4）安全欠债多，隐患危险大，遇到触发条件，事故接连不断，这是规律，也是教训。

中毒窒息案例分析

三、进入受限空间作业　导致中毒和窒息

受限空间作业涉及的领域广、行业多，作业环境复杂，危险有害因素多，容易发生生产安全事故，造成严重后果。作业人员遇险时施救难度大，盲目施救或救援方法不当，又容易造成伤亡扩大。

根据国家安全监管总局统计，2001 年到 2009 年 8 月，我国在受限空间中作业因中毒窒息导致的一次死亡 3 人及以上的事故总数为 668 起，死亡人数共 2699 人。

1. 事故原因

（1）盲目进入受限空间进行工作。

（2）未采取安全防护措施，盲目施救。

2. 安全点检要点

（1）进入受限空间前是否对作业环境进行检测？

（2）作业人员是否确认自己的个体防护？

（3）是否有专人进行监护？

盲目进入受限空间进行工作造成中毒和窒息

2008 年 6 月 6 日 9 时，建筑安装工程公司调度员徐某给三工地石工长打电话，"今天 11 时到 13 时，80 号井停蒸汽，趁此机会把 8B3A 线的回水管路修好，119 号井把 8B3A 线的阀门关上。" 11 时，焊工王某和韩某到达工作地点后，王某对韩某说："你先下还是我先下去？"韩某说："我先下吧！"说完就下去了。韩某下井脚刚落地，就昏倒了。王某喊叫："快救人！"接着也下去了，尚未到井底时也立即昏迷。这时调度员徐某到现场检查进度，看到有人中毒也下井施救，因井内一氧化碳的浓度很大，也立即昏迷了。刚从架上下来的水汽车间梁某见此情况后，不明原因，只想更快地救出井内的同志也下井了，也被熏倒。在井边的几位蒸汽车间工人见此情况，马上跑回车间办公室大声喊叫："外面井中有人中毒了，快向有防毒面具的单位求救吧！"厂部安全技术科的同志闻讯后，

立即携带长管式防毒面具前往事故地点进行抢救，同时救护车也开到了事故现场，至12点，全部遇险人员被抢救出来，送往医院进行急救。到15时30分，梁某、王某才脱离了危险，韩某、徐某因中毒太重，急救无效，停止了呼吸。

（1）发生这次中毒事故的根本原因，属于基建性质的隐患。水井内煤气的来源，系中央试验室的地下煤气管道。其施工质量低劣，使用前未经水压试验。

（2）由于回填土的外加压力，致使煤气管道从焊接处断裂跑出大量煤气，煤气通过回填土层渗入近旁蒸汽冷凝回水的管沟内，使管沟充满煤气而扩散到72号井（即发生本次中毒死亡事故的井）。煤气也扩散到69号井。69号井于4月29日也曾发生4人中毒事故。

（3）该厂安全技术科曾对69号井和72号井内气体进行了分析，确定井里面是一氧化碳，并提出了可能是中央实验室地下煤气管道漏气，应迅速解决的意见。但是厂领导对意见未能接受，没有研究采取措施解决。又由于下井职工关截门时，没有按规定戴好防毒面具，导致了72号井煤气中毒事故的发生。

进入受限空间作业造成中毒窒息

事故防范对策

（1）进入受限空间的塔、沟、池、釜、罐等危险场所和下水道、废渣池、污水井作业前，首先应对作业环境进行监测，判明是否存在有毒有害气体和空气中氧气的含量。

（2）必须先行将内存物质排除、清洗、强制通风置换，空气中有毒有害气体浓度达到国家标准以下，方可作业。

（3）作业人员必须佩戴自给式呼吸保护器、化学护目镜、安全带、救生绳等。

（4）必须有专人监护，作业人员和监护人员要检查安全措施，统一联络信号。场所外应配备相适应的急救用品和设备等。

四、污水处理作业发生硫化氢中毒

硫化氢属于有毒有害物质，一旦发生硫化氢泄漏将会发生不可预料的群死群伤、中毒、职业病等事故。据卫生部《职业危害通报》资料统计，近年来发生的多起化学品中毒事件，引起中毒的化学品毒物约 50 余种，硫化氢仅次于砷及其化合物、一氧化碳，占第三位，而因硫化氢中毒的病死率居首位。

1. 事故原因

（1）作业人员对有限空间作业存在的危险性认识不足，作业前没有进行危险有害因素辨识。

（2）作业前和作业过程中未对现场有毒有害气体进行监测。

（3）未按规定办理危险场所作业审批手续，也未落实专人监护制度，没有采取有效的个体防护措施。

2. 安全点检要点

（1）进入设施前是否对硫化氢进行检测？

（2）作业人员是否确认自己的个体防护？

（3）是否有专人进行监护？

污水处理作业发生的硫化氢中毒

某污水处理厂张厂长是位风华正茂，年轻有为的厂长，年仅 26 岁，同济大学毕业。一日，张厂长带领几名技术人员来到下属某污水泵站测量泵站机械设备的技术参数，并了解设备运转情况，可是张厂长根本没想到，此时死神已在向他招手。当日上午 9 点左右，当张厂长和其他 5 位同志关闭水泵，进入室内污水池，进行室内污水池排水二阀的测量时，突然大量硫化氢气体伴随污水涌入室内污水池中，似闪电一击，众人悉数倒下，泵站其他人员见状，急忙呼救。邻近一工程队闻声赶来，立即组织十多人的抢救队和泵站的同志一起投入抢救，从室内污水池救出 4 人，其中 3 人送往医院途中已经死亡。经在场人员核实，发现仍有两人下落不明，当即又组织人员佩戴防毒面具下池搜索，在污水中发现了一具尸体。随后消防人员赶到，下池后又捞起一具尸体。至此，6人中，已有5人死亡，其中包括那位年轻的厂长。同时，在抢救过程中，又有4人先后中毒，送往医院抢救。急救铃声骤起，三家医院的医务人员先后投入抢救，幸存者才脱离了危险。在整个事件中，有10人中毒，其中5人死亡。

事故发生后，卫生部门迅速派员赶赴现场，一边组织抢救，一边开展调查，事故元凶就是硫化氢气体。现场检测显示，在事故发生三个半小时后，硫化氢浓度仍超过国家卫生标准近60倍。硫化氢来自何方？原来该泵站排水阀门已关闭数周，室外污水池内积聚的污水达5～6米深，污水腐败产生大量的硫化氢，而张厂长等人在室内污水池测量时，由于进水阀门未关紧，导致硫化氢伴随污水冲入现场。污水处理过程中，会产生大量硫化氢气体。而现场人员进入作业场所不采取任何相应的防护措施，事故发生时又无有效的应急救援方法，结果大家束手无策，眼睁睁地看着5条生命被硫化氢气体夺走。

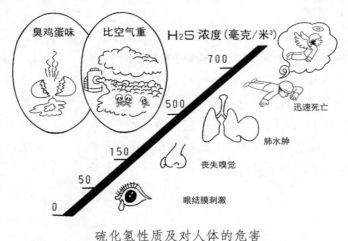

硫化氢性质及对人体的危害

事故防范对策

（1）进入可疑作业场所前，应用硫化氢检气管监测硫化氢浓度，或用浸有2%醋酸铅的湿试纸暴露于作业场所30秒，如试纸变为棕色至黑色，则严禁入场作业。

（2）进入高浓度硫化氢场所，应有人在危险区外监护，作业工人应佩戴供氧式面具，身上绑好救护带。

（3）发现有人晕倒在现场，切忌无防护入场救护，应佩戴防毒面具。

（4）在可能发生硫化氢泄漏的生产场所，安装自动报警仪。

（5）对接触硫化氢工人加强中毒预防及急救培训。

（6）生产过程密闭化，加强通风排毒。

（7）眼、心脏、肺和中枢神经系统疾病为职业禁忌证。

五、检修作业惰性气体窒息

随着工业的发展，氮气或惰性气体的用途越来越广泛。近年来全国各冶金企业使用氮气或惰性气体也逐步增加，因氮气或惰性气体窒息死亡屡见不鲜。惰性气体本身无毒或毒性很低，但由于它们的存在可使空气中氧含量明显降低。人们在氧含量低于 18% 的空气中作业就有发生缺氧窒息的危险。当环境空气中氮气或惰性气体浓度增加使氧含量降到 16% 以下时，很容易发生死亡事故。因此预防氮气或惰性气体窒息事故的发生不容忽视。

1. 事故原因

（1）员工未按受限空间安全操作相关规程作业。

（2）现场管理协调不力，安全防护措施不到位。

2. 安全点检要点

（1）作业前是否进行危险辨识？

（2）作业前是否隔离、清洗、通风置换？

（3）作业前是否对气体进行取样分析？

（4）是否安排专人进行监护？

液氨槽进行清理维修致多人窒息

一日，上海某制冷工程公司对一车间的液氨槽进行清理维修。该车间的液氨槽周围无操作规程标牌。检修的主要过程是将残留的氨放出后用水清洗，然后用醋酸中和弃去，充入氮气做气密性试验，以检查有无漏气，以气压表为零和经验判断作为人能否进入槽内的依据。上午 9 时，操作工孙某等人发现液位计和法兰连接部有泄漏，经处理安装，上午 10 时冲入氮气再次检漏。11 时发现该部位仍有泄漏，遂打开检修孔，由操作工邓某进入槽内往返数次对法兰丝进行处理，封好检修孔后再次冲入氮气。中午 12 时 30 分继续检漏，发现法兰泄漏为法兰丝裂纹所致。14 时左右再次打开检修孔。14 时 20 分邓某佩戴防毒面具未系安全绳顺着梯子下槽，从梯子上栽了下去。操作工郁某等人急忙来救。

郁某未戴防毒面具，只系了一根安全绳下槽，刚下就一头栽到槽底。此时其他操作工急向四周呼救，并将氧气管伸入槽内放氧。3~4分钟后，槽内邓某、郁某二人被救出，于下午3时20分在急送医院途中死亡。

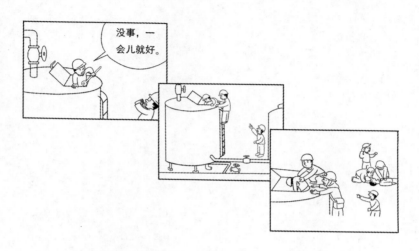

没事，一会儿就好。

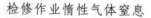

检修作业惰性气体窒息

事故防范对策

（1）作业前认真进行危害辨识。

（2）作业前实施隔离（隔断）、清洗、置换通风。

（3）隔离（隔断）方法有加盲板，拆除部分管路，采用双截止阀和放空系统，动力源锁定和挂牌，阻塞和断开所有机械连接。

（4）对实施作业的空间进行清洗、置换通风，使作业空间内的空气与外界相同，这样可以排除累积、产生或挥发出的可燃、有毒有害气体，保证作业环境中的氧含量，从而保证作业人员的安全。

（5）作业前严格进行取样分析。对作业空间的气体成分，特别是置换通风后的气体进行取样分析，各种可能存在的易燃易爆、有毒有害气体、烟气以及蒸气、氧气的含量要符合相关的标准和要求。

（6）安排专人进行作业安全监护。